Rainer Grießbach

Naturgewalten - das Gewitter

Rainer Grießbach

Naturgewalten - das Gewitter

mit 12 Abbildungen und 3 Experimenten

3. überarbeitete Auflage

Verlag epubli GmbH Berlin

Bibliografische Institution der Deutschen Nationalbibliothek

Die Deutsche Nationalbibliothek verzeichnet diese Publikation in der Deutschen Nationalbibliografie; detaillierte bibliografische Daten sind im Internet über http://dnb.d-nb.de abrufbar.

1. Auflage 2010
2. Auflage 2012
3. überarbeitete Auflage 2015

Druck und Verlag: epubli GmbH, Berlin, www.epubli.de

ISBN 978-3-7375-3460-4

Printed in Germany

Vorwort zur 3. Auflage

Kaum ein Mensch wird von den Erscheinungsformen des Gewitters verschont. Aus sicherer Entfernung oder von einem geschützten Ort lassen sich bei einem Gewitter interessante Beobachtungen anstellen. Die gewaltigen Formen der sich entladenden Energien bei solch einem Naturereignis können aber auch Angst und Schrecken auslösen. In all diesen Fällen ist das Interesse (wenn auch meist im Nachhinein) groß, um zu klären, was für diese Elementargewalten die kausalen Zusammenhänge sind.

Meine Leserinnen und Leser haben mich erneut angeregt, das komplexe Wissensgebiet „Gewitter" zum Gegenstand zu nehmen und in Details tiefgründig zu analysieren. Die gegebenen Hinweise aus dem Kreis der wissensdurstigen Leserinnen und Leser habe ich wieder dankend aufgegriffen und in die Inhalte der neuen Auflage eingearbeitet. Im Vordergrund stand auch dieses Mal die anschauliche Darstellung der komplizierten Vorgänge in einer Gewitterzelle, um das Interesse an den speziellen Abläufen der besonders hervorgekehrten mechanischen, elektrischen und magnetischen Energieformen zu wecken. In erweiterter Betrachtung sind die drei Energieformen eigentlich untrennbar mit ihren Kraftfeldern verwoben.

Herzlich bedanke Ich mich bei meiner Familie für die erfahrene Unterstützung während der Erstellung des Buches.

Ich wünsche viel Spaß beim Studium der neuen, überarbeiteten Auflage.

Frühjahr 2015 Rainer Grießbach

Vorwort zur 2. Auflage

Mein Buch „Naturgewalten - das Gewitter“ in der ersten Auflage hat bei den Leserinnen und Lesern eine hohe Resonanz gefunden. Der vielfach geäußerte Wunsch nach diesem Buch ermutigte mich, die 2. überarbeitete Auflage herauszubringen. In der neuen Ausgabe ist von mir die Schilderung der Wirkprinzipien zur Erkennung von Ursachen für die Entstehung eines Gewitters weiter vertieft worden. Im Mittelpunkt steht hierzu die Beschreibung der Vorgänge bei der Erzeugung und Auftrennung elektrischer Doppelschichten in unserer Troposphäre. Die Gewitterzelle selbst ist eine perfekte „Künstlerin“ für die in den Wolken ablaufenden vielschichtigen Energiewandlungsprozesse.

Ich bin speziell den Hinweisen meiner Leserinnen und Lesern nachgegangen und habe die Anschaulichkeit der mancherorts schwierigen und sehr komplexen Vorgänge, die sich bei einem Gewitter entwickeln, noch stärker auf die physikalischen und chemischen Abläufe gerichtet. Sie sollen insbesondere den naturverbundenen Menschen sehr interessant erscheinen. Es werden in diesem Buch unter anderen die häufig von den Lesern gestellten Fragen in bezeichnender Art und Weise untersucht, so zum Beispiel:

- Welche Kräfte geben einer Wolke die Form?
- Wie entstehen die gigantisch hohen elektrischen Spannungen in einer Gewitterzelle?
- Warum kann ich den Blitz sehen und wie kommt es zu den Verästellungen bei Blitzen?
- Wie kann ich mich vor den Gefahren eines Blitzschlages schützen und was versteht man unter der lebensbedrohlichen Schrittspannung?

Für die Anregungen meiner Leserinnen und Lesern zur Gestaltung des Buches sowie die sachbezogene Diskussion in den geführten Buchbesprechungen bedanke ich mich herzlich und wünsche beim Studium der neuen Auflage viel Freude.

Frühjahr 2012 Rainer Grießbach

Dieses Buch ist meinen Eltern gewidmet.

Inhalt

„Im eigentlichen Sinne ist die Welt ein Sieb“ (S. 18)

1 Was sind Naturgewalten?

Wenn wir Berichte über Naturgewalten hören oder sehen, dann löst das vielmals bei uns Respekt, Ängste und Unbehagen aus. Es bringt auch oft in uns die Neugier hervor, um Näheres über die kausalen Zusammenhänge zu erfahren, die beim Auftreten von Gewalten der Natur vorliegen. Die Liste der Beispiele von furchterregenden Ereignissen ist lang, welche sich dabei im Bewusstsein widerspiegeln. Es werden Bilder in uns wach, die wir über Nachrichten aus aller Welt erfahren haben oder möglicherweise selbst in Gegenüberstellung mit der Natur durchleben mussten. Vulkanausbrüche, die ganze Landstriche in Schutt und Asche legen oder Stürme, die alles mit sich reißen, was nicht niet- und nagelfest ist oder Hochwasser, das rasend schnell die gesamte Umgebung erfasst. Epidemien, Tsunami, Erdbeben, Schnee- und Schlammlawinen, eine Feuersbrunst, Hagel sowie sintflutartiger Regen sind weitere Beispiele. Bei all diesen bedrohlichen Situationen sind manchmal sogar Menschenleben zu beklagen oder es bedeutet viel Leid für die Betroffenen im Rahmen der angerichteten Schäden.

Auch das Gewitter muss mit in die Kategorie der Naturgewalten aufgenommen werden. Das Markante am Gewitter ist: Wir werden mit einer Vielzahl von Erscheinungsformen der Elementargewalten gegebenenfalls sogar gleichzeitig konfrontiert. Sturm, Hagel sowie sintflutartiger Regen können zusammen mit Blitz und Donner auftreten. Als Besonderheit stehen wir beim Gewitter einer gewaltigen Elektrizität gegenüber. Dies setzt aber immense Energiebereitstellungen in der Atmosphäre voraus.

Die Nordlichter mit ihren außerirdischen Ursachen und dem elektromagnetischen Gefahrenpotential möchte ich an dieser Stelle ausklammern, da sie in unseren Regionen kaum auftreten. Es besteht jedoch ein Zusammenhang zwischen diesen Erscheinungen und der Ausbildung von Blitzen während eines Gewitters in Verbindung mit der elektrischen Leitfähigkeit der Luft.

Will man das Erscheinungsbild der Naturgewalten allgemeingültig beschreiben, so werden bei diesen Prozessen Energiemengen entfesselt, denen sich der Mensch fast hilflos ausgesetzt fühlen muss. Meist sind diese lebensbedrohlichen Vorgänge nicht oder nur schwer vorhersehbar.

2 Die Suche nach den Ursachen für ein Gewitter

Beschäftigen wir uns etwas tiefgründiger mit Naturgewalten, so lässt sich oftmals feststellen, dass sie meist von winzigkleinen Partikelchen ausgelöst werden und zum Teil viel Unheil über die Menschen bringen können.

Der Dichter Gustav Benjamin Schwab (1792 - 1850) berichtet in seinem Gedicht über die tatsächlichen Folgen eines Blitzschlages mit tödlichem Ausgang für eine Familie:

Das Gewitter

Urahne, Großmutter, Mutter und Kind
In dumpfer Stube beisammen sind;
Es spielet das Kind, die Mutter sich schmückt,
Großmutter spinnet, Urahne gebückt

Sitzt hinter dem Ofen im Pfühl -
Wie wehen die Lüfte so schwül!

Das Kind spricht: "Morgen ist's Feiertag,
Wie will ich spielen im grünen Hag,
Wie will ich springen durch Tal und Höhn,
Wie will ich pflücken viel Blumen schön;
Dem Anger, dem bin ich hold!" -
Hört ihr's, wie der Donner grollt?

Die Mutter spricht: "Morgen ist's Feiertag,
Da halten wir alle fröhlich Gelag,
Ich selber, ich rüste mein Feierkleid;
Das Leben, es hat auch Lust nach Leid,
Dann scheint die Sonne wie Gold!" -
Hört ihr's, wie der Donner grollt?

Großmutter spricht: "Morgen ist's Feiertag,
Großmutter hat keinen Feiertag,
Sie kochet das Mahl, sie spinnet das Kleid,
Das Leben ist Sorg und viel Arbeit;
Wohl dem, der tat, was er sollt!" -
Hört ihr's, wie der Donner grollt?

Urahne spricht: "Morgen ist's Feiertag,
Am liebsten morgen ich sterben mag:
Ich kann nicht singen und scherzen mehr,
Ich kann nicht sorgen und schaffen schwer,
Was tu ich noch auf der Welt?" -
Seht ihr, wie der Blitz dort fällt?

Sie hören's nicht, sie sehen's nicht,
Es flammet die Stube wie lauter Licht:
Urahne, Großmutter, Mutter und Kind
Vom Strahl miteinander getroffen sind,

Vier Leben endet ein Schlag --
Und morgen ist's Feiertag.

Damit stellt sich für uns die komplexe Frage: Ist es möglich, dass diese kleinen Teilchen in einem Blitz so viel Unheil anrichten können?

Die umfassende Antwort kann hierfür nur lauten: **Ja, es sind bekanntlich doch so unsagbar Viele!**

Diese pauschalisierte Behauptung erfordert nachhaltige Untersuchungen. Wahrscheinlich lösen unzählige kleine Wassermoleküle in der Erdatmosphäre die Gewittersituation mit all dem möglichen Unwetterpotential aus. Im Folgenden soll deshalb in der gewählten anschaulichen Form mit vergleichbaren Beispielen auch aus anderen Lebensbereichen die zu ergründenden Ursachen im Zusammenhang mit der Entstehung eines Gewitters behandelt werden, ohne dabei mathematische Modelle strapazieren zu wollen. Wesentliche Schwerpunkte für die vorzunehmenden Analysen beim Entstehen eines Gewitters sind das Erzeugen und Auftrennen von elektrischen Doppelschichten zwischen den einzelnen Stoffen in der Troposphäre. Diese Prozesse stehen im engen Zusammenhang mit den differenziell (bezogen auf ein sehr kleines Volumenelement) stattfindenden Implosions- und Explosionsvorgängen in der Luft, vornehmlich erzeugt bei der Änderung des Aggregatszustandes von Wasser. Denn hierbei erfolgt eine spontane Veränderung des in Betracht kommenden Raumes. Diese Vorgänge ermöglichen primär die erforderliche Kontaktierung (innige Berührung) der benachbarten Atome beziehungsweise Moleküle untereinander, in dem jeweils die Elektronen des äußeren Energieniveaus einen Energieausgleich vollziehen können. Im Grunde genommen stellt diese Konstellation die wesentliche Bedingung für das Entstehen eines Gewitters dar, ohne dabei das Gefüge der weiteren Voraussetzungen im Umfeld einer Gewitterwolke vernachlässigen zu wollen.

3 Der Blitz aus heiterem Himmel

Die Menschen hatten schon immer Respekt vor den Naturgewalten des Gewitters. Blitz und Donner mit Unwettercharakter stehen oft in Verbindung mit starken Regenfällen sowie Sturm und Hagel. Gegebenenfalls wurden aber auch die Erwartungen erfüllt, dass mit einem Gewitter eine lange Trockenperiode zu Ende ging. Das Gewitter, so sagt man, reinigt die Luft und bringt vielmals den herbeigesehnten Regen und die erwünschte Abkühlung.

Der Ausspruch, es kam wie der Blitz aus heiterem Himmel, hat eigentlich wenig mit dem Naturereignis „Gewitter" zu tun. Ich treffe diese Feststellung dann, wenn ohne Vorankündigung oder Vorahnung sich ein persönliches Ereignis einstellt. Es wird mit diesem Sprichwort etwas Überraschendes ausgedrückt. Trotzdem hat die Formulierung ihre Wurzeln in den Beobachtungen von Naturerscheinungen zwischen Himmel und Erde.

Kann überhaupt ein Blitz aus heiterem Himmel kommen? In spezifischer Betrachtung nicht. Denn die Meteorologen bezeichnen den heiteren Himmel (im erweiterten Sinne) als einen wolkenlosen und aus einem wolkenlosen Himmel kann sich grundsätzlich kein Blitz bilden. Sehen wir am Himmel keine Wolken, so ist auch kein Blitz zu erwarten oder anders formuliert, ein Gewitter kündigt sich gewöhnlich über Wolken an.

Es gibt aber auch zahlreiche Ausnahmen. In elektrischen Anlagen und speziell in Hochspannungslaboratorien werden über technische Geräte Hochspannungen erzeugt, die dann Blitze auslösen. Eine elektrische Spannung von über 1000 V wird allgemein als Hochspannung bezeichnet. Die Verwendung solch gewaltiger Spannungen erfolgt zum Beispiel bei der Übertragung von Elektroenergie mittels Freileitungen über größere Entfernungen, aber auch beim Auslösen von Zündfunken in Ottomotoren oder Feuerzeugen, beim Beschleunigen von elektrisch geladenen Teilchen und dem Prüfen der Durchschlagsfestigkeit von Bauelementen. Um nicht erst auf ein Gewitter warten zu müssen, werden Blitze in Laboren ausgelöst und erforderliche Messungen vorgenommen. Bei all diesen Beispielen ist vom Himmel und den Wolken kaum etwas zu spüren.

Es sind auch schon Beobachtungen gemacht worden, wo Blitze Hunderte von Kilometern zurückgelegt haben. Die Gewitterwolke steht dann für den Betrachter nicht mehr im unmittelbaren Zusammenhang. Im wesentlich kleineren Maßstab lassen sich solche Ausprägungen bei Experimenten mit einem Tesla-Transformator nachempfinden, der auf elektromagnetischen Wechselfeldern beruht.

Wo liegen die wesentlichen Ursachen für die Entstehung eines Gewitters? Die Gründe für Blitz und Donner waren lange Zeit unklar. Bei den Griechen war Gott Zeus der Herr über Blitz und Donner. In der germanischen Mythologie verursachte der Gott Thor die Gewitter, indem er mit seinem Mjöllnir Regen, Blitz und Donner aus den Wolken schlug. Im Jahr 1752 bewies dann Benjamin Franklin, dass der Blitz aus physikalischer Sicht ein elektrischer Stromfluss ist. Die neuen wissenschaftlichen Erkenntnisse, vornehmlich in den Wissenschaftszweigen Meteorologie, Physik und Chemie, haben zunehmend Licht in die Ursachen für Blitz und Donner gebracht.

4 Ein Blick in die Chemie und Physik

Viele Vorgänge bei der Bildung einer Gewitterzelle und den Auswirkungen von Blitz und Donner lassen sich auf chemische und physikalische Modelle zurückführen. Hierbei kommt im Rahmen der Interpretation dieser Modelle eine Vielzahl von Fachtermini in Anwendung. Es ist deshalb unumgänglich, sich bei der Beschreibung der einzelnen Prozesse währen des Gewitters einer Auswahl dieser Begriffe zu bedienen. In meinen Abhandlungen beziehe ich mich auf folgende allgemeingültige Erscheinungsformen in der Natur und will damit helfen, wichtige Zusammenhänge aus den Bereichen Chemie und Physik im Vorweg wieder in Erinnerung zu bringen:

a) Das Atom

Allgemein ist bekannt, dass ein Atom aus dem Kern mit den Neutronen und Protonen sowie der Hülle mit den Elektronen auf den einzelnen Energieniveaus besteht. Die Besonderheit bei den Elektronen liegt in vereinfachter Darstellung noch darin, dass sie als Korpuskel (Teilcheneigenschaft) oder als elektromagnetische Welle (Welleneigenschaft) in Erscheinung treten können. Den Aufenthaltsweg dieser Elementarladungen beim Atom kann man durch den dualen Charakter nicht nur als Schale oder Bahn bezeichnen, sondern muss in komplexer Betrachtung von Orbitalen bei der existierenden Materiewelle ausgehen. Die Elektronen im äußeren Orbital besitzen beim Atom das größte Energieniveau und werden als Valenzelektronen bezeichnet. Der Abstand zwischen den Elektronenbahnen und ihrem Atomkern ist, betrachten wir es im Verhältnis, enorm. Diese Relationen lassen sich für uns Menschen nur deshalb schwer einschätzen, weil sich der Längenmaßstab im Nanometerbereich (Nano – 10^{-9}) und darunter vollzieht. Nimmt man zum Beispiel als Größenvergleich für den Atomkern einen Tischtennisball an, so befinden sich die dazugehörigen Orbitale der Elektronen in einer Entfernung von mehreren hundert Metern. Dazwischen ist nichts! Das bedeutet: Im eigentlichen Sinne ist die Welt ein Sieb.

Der Atomkern ist für die Atomphysiker von relevanter Bedeutung. Sie beschäftigen sich jedoch kaum mit der Ursachenfindung eines Gewitters. Der Zugriff auf den Kern eines Atoms durch Kernspaltung oder Kernfusion erfordert direkt oder indirekt zum Teil riesige Energiemengen zur Auslösung dieser Prozesse, die in einer Gewittersituation keineswegs bereitstehen.

Für chemische Prozesse, in der Elektrotechnik und somit auch in der Meteorologie spielen die Valenzelektronen eine dominante Rolle. Die Atome beziehungsweise Moleküle müssen nur die Möglichkeit erhalten, sich gegenseitig zu berühren und das geschieht in erster Linie durch die angrenzenden Valenzelektronen der benachbarten Stoffe. Bei allgemeingültiger Betrachtung geschieht dabei in gewissem Rahmen die „Verschmelzung“ von Physik und Chemie.

Die Elektronen sind bekanntermaßen negativ elektrisch geladen. Die Protonen im Atomkern haben demgegenüber eine positive Ladung. Das die Elektronen negative und die Protonen positive Ladungen darstellen, ist eine reine Festlegung, da die Ursachen für die Existenz der elektrischen Ladungen uns noch nicht hinreichend bekannt sind. Es steht nur fest, dass es zwei verschiedene Ladungsarten sind und da bieten sich die Unterscheidungsmerkmale „plus“ sowie „minus“ an.

Die Elektronen auf dem äußeren Energieniveau des Atoms nehmen bei den elektrischen Vorgängen fast ausschließlich Einfluss auf die physikalischen Größen Strom und Spannung. Deshalb lassen sich primär auch Parallelen zu den Ursachen und Wirkungen des Blitzes herstellen.

Wir wissen, dass sich gleichartige Ladungen abstoßen und ungleiche anziehen. Das ist über die Elektrostatik nachweisbar. Begegnen sich beispielsweise zwei Atome, so stehen sich an den Berührungsflächen die Valenzelektronen gegenüber und können nicht so ohne weiteres einen Kontakt herstellen, weil die abstoßenden elektrostatischen Kräfte differenziell wirken. In dieser Komplexität müssen aber auch die von den einzelnen Elektronen ausgelösten Elementarmagnetfelder und deren Kraftwirkungen Berücksichtigung finden. Die Berührung dieser beiden gegenüberstehenden Atome gelingt in der Regel erst dann, wenn dazu die erforderliche Energie für die Annäherung aufgebracht werden kann. Man muss in diesem Zusammenhang noch hervorheben, dass die elektrische Ladung des einzelnen Elektrons immer gleich ($\sim 1{,}602 \cdot 10^{-19}$ C) und unteilbar ist.

Des Weiteren fungiert das Elektron als Energieträger, das heißt, seine Energie kann variieren. Die Energieaufnahme beziehungsweise –abgabe erfolgt bei dem Elektron durch eine elektromagnetische Strahlung mit definierter Frequenz. Das Elektron betrachten wir deshalb auch als Transporteur der Energie. Es nimmt die Energie auf, transportiert sie und gibt sie anschließend gegebenenfalls wieder ab. Genau diese Erkenntnis ist bei den Untersuchungen im Rahmen der Entstehung eines Gewitters außerordentlich bedeutsam.

b) Der Energieausgleich

Es kann weder Energie gewonnen werden, noch geht sie verloren. Das haben wir schon in der Schule gelehrt bekommen. Die Prozesse der Energiewandlung gestalten sich jedoch gerade bei der Entstehung eines Gewitters sehr komplex und sind bei Weitem noch nicht umfassend ergründet.

Liegen räumliche Energiedifferenzen in einem zeitlichen Betrachtungsrahmen vor, so besteht in der Natur das allgemeine Bestreben des Energieausgleiches. Ein Beispiel dafür ist der Abbau von Luftdruckgegensetzen durch Wind oder sogar Sturm in Folge von Temperaturunterschieden, getragen von den Atomen beziehungsweise Molekülen der Luft. Der Ausgleich erfolgt hierbei vom energetisch höheren zum tieferen Niveau. Bei Energieprozessen müssen zudem zwingend die Gesetze der Wahrscheinlichkeitstheorie in Anwendung gebracht werden. Dies sollen drei Beispiele verdeutlichen:

- Die Wärmeenergie überträgt sich unterschiedlich auf die einzelnen Stoffe der Luft. Das bestimmte Sauerstoffmolekül kann eine wesentlich höhere Energie angenommen haben, als sein unmittelbar benachbartes.

- Auch beim Wasser lassen sich ähnliche Feststellungen treffen. Die einzelnen Moleküle in einem Wasserbehälter nehmen ebenfalls sehr ungleiche Energiemengen auf. Deshalb ist es möglich, dass Bestandteile des flüssigen Wassers in den gasförmigen Zustand wechseln können, ohne dass dabei die 100 °C als Umgebungstemperatur (Siedepunkt) auftreten. Man spricht bei diesem Prozess von Verdunsten. So lassen sich die Wasserdampfbestandteile in der Luft erklären. Diese unterschiedlich verteilten Energieniveaus erlauben es sogar einzelnen energiebehafteten Wassermolekülen aus den Eiskristallen in die Gasphase zu wechseln, ohne den flüssigen Aggregatzustand befristet einnehmen zu müssen.

- Ein weiteres Beispiel aus dem Bereich der Festkörperphysik verdeutlicht die Anwendung der Grundsätze der Wahrscheinlichkeitstheorie: Der Mittelwert der verteilten Energie für die Zimmertemperatur liegt bei ca. 0,04 eV (eV als Einheit der Energie, wie auch J, Ws oder kWh). Die notwendige Aktivierungsenergie von Silizium beträgt ca. 1,1 eV, um es elektrisch leitend vorliegen zu haben. Bei einer geringeren Energiebereitstellung besitzt es Isolatoreigenschaften. Daraus könnte man schlussfolgern, dass Silizium als Halbleiter bei 20 °C nichtleitend ist, wenn nur die beiden Werte (0,04 « 1,1) miteinander im Vergleich stehen. Natürlich ist Silizium, das in jedem PC oder Handy steckt, bei dieser Temperatur leitend, das heißt, es gibt genügend Elektronen, die einen wesentlich höheren Energiewert als den Mittelwert besitzen. Das Wort „Mittelwert“ aus dem Reich der Stochastik sollte schon bei diesen Vorgängen Berücksichtigung finden.

Noch ein Zusammenhang bei der Erklärung der Vorgänge des Gewitters zwischen der Energie und den damit ursächlich verbundenen physikalischen Größen muss erwähnt werden: Energie lässt sich in der Natur nicht sprunghaft verändern.

c) Die Edelgaskonfiguration

Die Atome haben das Bestreben, auf dem äußeren Energieniveau eine volle Besetzung mit Elektronen zu erreichen, wie es bei den Edelgasen vorliegt. Dies geschieht durch chemische Bindungen als eine Art „Lebensgemeinschaft".

Metalle geben ohne eine von außen zugeführte Energie die Valenzelektronen ab. Sie sind in der Gitterstruktur als sogenanntes Elektronengas frei beweglich. Diese Vorgänge bezeichnen wir als Metallbindung. Das darunter liegende Energieniveau ist dann mit Elektronen voll besetzt. Metalle sind gute elektrische Leiter. Für die Beschreibung der Wirkprinzipien des Faradayschen Käfigs, der als zuverlässiger Schutz beim Gewitter gilt, werde ich auf die Leitfähigkeit der Metalle zurückgreifen müssen.

Beim molekularen Wasserstoff H_2 nutzen zwei Atome gemeinsam ihr äußeres Elektron und erreichen dadurch scheinbar den Zustand des Edelgases Helium mit zwei Valenzelektronen. Sauerstoff und Stickstoff erscheinen in der Luft gleichsam als Molekül O_2 beziehungsweise N_2 und nehmen fast 99 % des Volumens in der Troposphäre ein (ohne Wasserdampfanteile). Die Atombindung CO_2 ist hingegen nur mit etwas unter 0,04 % beteiligt und spielt beim Gewitter direkt kaum eine Rolle. Den in der Bindung enthaltenen Kohlenstoff benötigen jedoch viele Lebewesen zur Zellbildung.

Das Molekül Wasser ist eine Verbindung aus Wasserstoff und Sauerstoff mit der Besonderheit, dass der Sauerstoff eine größere Masse als Wasserstoff besitzt. Die zwei Valenzelektronen der Wasserstoffatome bevorteilen bei der gemeinsamen Nutzung der Elektronen demzufolge das Sauerstoffatom und es bildet sich dadurch ein elektrischer Dipol. Diese Kennzeichnung mit dem Nachweis einer negativen Ladungserscheinung am Sauerstoff und einer positiven an den Wasserstoffatomen ist für viele Anomalien des Wassers die Ursache (siehe auch Bild 5 auf Seite 39).

Streut man zum Beispiel in das Wasser die Ionenbindung Kochsalz (NaCl), so trennt sich die Bindung und das Salz geht in Lösung. Der Dipol Wasser hat die elektrostatischen Kräfte zwischen dem Natrium und Chlor aufgehoben. Die beweglichen Ionen Na^{+} (Kationen) und Cl^{-} (Anionen) gestalten damit die Flüssigkeit elektrisch leitend. Im feuchten Erdreich sind zahlreiche Salze gelöst. Die Erde, auf der wir stehen, wird somit leitfähig. Durch diese Erscheinung kann sich bei verschiedenen Wettersituationen der Erdboden an der Oberfläche mit negativen beziehungsweise positiven Ladungen durch Influenzerscheinungen anreichern (siehe auch Seite 32/33).

d) Die Oberflächenminimierung

Die Minimierung der Oberfläche eines Stoffes in einer Raumstruktur geht vielmals in der Natur mit einer Reduzierung der Energiebilanz einher. Es kann als eine Art Sparprinzip aufgefasst werden. Nimmt man ein gedachtes Volumenelement zum Gegenstand, so bildet die Kugel als Erscheinungsform die kleinste Oberfläche des Körpers. Der Beweis für diese Darstellung lässt sich schnell erbringen. Betrachten wir einen Wassertropfen im freien Fall, so nimmt er die Kugelform an. Verbinden sich zwei kleine Wassertröpfchen, dann entsteht sofort ohne zusätzlichen Aufwand ein größerer Tropfen in der Gestalt einer Kugel. Anders verhält es sich, wenn ich einen großen Tropfen in viele kleine zerstäuben will. Dazu ist Energie erforderlich, weil sich durch den Sprühvorgang die Oberfläche insgesamt pro Volumenelement näherungsweise um den Faktor $\sqrt[3]{n}$ vergrößern muss. Die Variable n ist dabei die Anzahl der kleinen Tröpfchen mit annähernd gleichem Durchmesser, die aus einem großen Tropfen durch das Zerstäuben entstanden sind.

Oberflächen bilden aber auch immer einen Angriffspunkt zur Umwelt. In diesem Zusammenhang muss von mir die Benennung „Reibungsenergie" aus energetischen Betrachtungen heraus im Zusammenhang mit der Entstehung des Gewitters später noch etwas präzisiert werden. Apropos Reibungsenergie: Aristoteles hat schon damals das Experiment mit Bernstein und einem Katzenfell durchgeführt und die Existenz von elektrischen Ladungen nachgewiesen.

e) Die elektrische Ladung als Transportmittel der Energie

Alle chemischen Elemente bestehen aus Atomen und diese wiederum aus einem Atomkern mit den elektrischen positiven Ladungen (Protonen) sowie um den Kern herum, den negativen Ladungen (Elektronen).

Bei einer Ladungstrennung von positiven und negativen Ladungsträgern wird die aufzubringende Energie am Beispiel der Elektronen in diesen gespeichert, das heißt, die Ladungsmenge bleibt beim Elektron konstant, der Energiezustand verändert sich bei diesem Vorgang. Die Energie pro Ladung bezeichnen wir als Potential. Je größer das Potential ist, umso mehr Energie muss das Elektron aufgenommen haben. Eine Ladungstrennung, hervorgerufen durch Energiezuführung, ist mit einer Bewegung der Elektronen verbunden und sie führt zu einer Potentialdifferenz, einer Spannung. Sie kann an den sich ergebenden zwei Ortspunkten gemessen werden.

Zwischen den getrennten Ladungen entsteht zwangsläufig ein elektrisches Feld, was die aufgebrachte Trennungsenergie repräsentiert. Bewegen sich die Ladungen wieder in die ursprüngliche Lage zurück, so bricht das elektrische Feld zusammen. Die freiwerdende Energie geht grundsätzlich in ein magnetisches Feld über, weil um jeden bewegten Ladungsträger sich unabweisbar ein magnetisches Feld aufbaut. Das elektrische und magnetische Feld sind deshalb untrennbar miteinander verknüpft. Beide Felder sind Energiefelder, wobei das elektrische Feld Ladungsträger ablenken und beschleunigen kann. Magnetische Felder können einen Ladungsträger bei freier Beweglichkeit nur ablenken aber nicht beschleunigen, weil die magnetischen Kräfte senkrecht zur Bewegungsrichtung der Ladung wirken.

Die im Wechselspiel der beiden Felder auftretenden elektromagnetischen Wellen sind in einem bestimmten Frequenzbereich für uns Menschen spürbare Wärme oder auch sichtbares Licht beziehungsweise für den Organismus möglicherweise schädliche Röntgenstrahlung. Die Gamma-Strahlen sind ebenfalls elektromagnetische Wellen. Sie haben ihren Ursprung aber im Atomkern und bleiben demzufolge bei unseren Betrachtungen grundsätzlich außen vor. In diesem Zusammenhang müssen wir aber beachten, dass in der Erdatmosphäre immer auch eine gewisse natürliche Radioaktivität vorherrscht. Sie beeinflusst in gewisser Hinsicht die Leitfähigkeit der Luft und ist bei der Entstehung einer Gewitterzelle mit zu beachten.

Eigentlich besteht zwischen der thermischen Strahlungsenergie und der Lichtenergie kein wesentlicher Unterschied. Die für uns Menschen scheinbaren zwei Energieformen lassen sich nur durch unsere Sinnesorgane erklären. Die Wärme spüren wir zum Beispiel an den Fingerspitzen und das Licht nehmen wir über die Augen wahr. In beiden Fällen empfangen wir aber grundsätzlich elektromagnetische Wellen mit jeweils unterschiedlicher Frequenz. Das Sehen und Fühlen bei uns Menschen stellen demzufolge im Konkreten nur unterschiedliche „Messbereiche" bezogen auf die jeweilige Wellenlänge der elektromagnetischen Strahlung dar. Die in diesem Zusammenhang eben vorgenommene Technifizierung unserer Gefühlswelt habe ich mir großzügigerweise gestattet.

In einem Leiter werden die bewegten Ladungen als elektrischer Strom bezeichnet. Strom ist in starker Vereinfachung nichts weiter als die ortsbezogene Bestimmung der Anzahl von driftenden Ladungsträgern, multipliziert mit der Ladung des Elektrons pro Zeiteinheit. Das bedeutet: Fließt in einem Kupferdraht eine Stromstärke von 1 A, dann passieren während einer Millisekunde die unvorstellbar große Anzahl von etwa

6.241.509.000.000.000 Elektronen

den gewählten Messpunkt und unterstreichen die auf Seite 14 formulierte sowie zunächst überraschend erscheinende Aussage, dass es die Vielzahl an Teilchen ist, die das enorme Schadenspotential auslösen kann. Da sich die Zählung der Elektronen als Problem erweist, bedienen wir uns des Einsatzes von Messgeräten, den Strommessern. Natürlich werden durch die Drehspulinstrumente nicht die Elektronen gezählt, sondern es erfolgt hierbei die Nutzung der Kraftwirkung des magnetischen Feldes, bedingt durch die Bewegung dieser Ladungsträger. Es gilt die Schlussfolgerung: Die Anzahl der bewegten Ladungen bei einem Blitz ist unglaublich riesig.

Beim elektrischen Strom ist noch die Definition der Stromrichtung bedeutsam. Es erfolgt allgemein die Einteilung in die technische und die physikalische Stromrichtung. Diese beiden Richtungsfestlegungen haben sich in erster Linie historisch ergeben. Die technische Stromrichtung ist die Bewegung der positiven Ladungsträger und unter der physikalischen versteht man die Bewegung der negativen Ladungen. Betrachten wir den Strom in einem Metall, so bewegen sich dort die Elektronen und geben demzufolge die physikalische Richtung vor. Die Angabe der technischen Stromrichtung in einem Metalldraht ist demzufolge genau die entgegengesetzte. Bei der Blitzbezeichnung (positiver beziehungsweise negativer Blitz) geht man von dieser Stromrichtungsdefinition aus.

Die Ladungen sind alle mit einer mehr oder weniger großen Energiemenge ausgestattet (beladen). Sie übernehmen den Transport der Elektroenergie. Bei einer Hochspannungsleitung als Transportweg wird die Elektroenergie mit annähernder Lichtgeschwindigkeit beispielhaft vom Kraftwerk zum Verbraucher mittels der Elektronen gebracht. Das ist bei einem Blitz bezüglich des Gewitters im übertragenen Sinne nicht anders.

f) Die Permittivitätszahl und die Bildung von elektrischen Doppelschichten

Legt man an zwei parallel gegenüberstehende Metallplatten (Plattenkondensator) durch Ladungstrennung anfangs eine Gleichspannung, so bildet sich zwischen den Platten ein elektrisches Feld. Für die elektrische Feldstärke E gilt allgemein die Richtung von (+) nach (-). Ersetzen wir die im Zwischenraum befindliche Luft durch einen anderen Isolator (zum Beispiel Porzellan oder Kunststoff), so verringert sich die elektrische Feldstärke. Die Begründung dafür liegt im Isolierstoff (Dielektrikum). Durch die bestehenden elektrostatischen Kräfte werden die Elektronenbänder (Orbitale) der Nichtleiteratome zur positiv geladenen Metallplatte hin verformt, so dass im Inneren des Isolators sich Dipole ausbilden, die dem äußeren elektrischen Feld entgegen gerichtet sind. Wie stark sich die Dipole entwickeln können, hängt hauptsächlich vom jeweiligen eingesetzten Dielektrikum ab und wird durch die Permittivitätszahl ε_r ausgedrückt. Je größer diese Zahl ist, umso stärker können sich die Dipole bilden und je größer wird die Energiebilanz im Feld beeinflusst. Das sich ergebende Energieniveau der Stoffe steht somit in gewisser Beziehung zu ε_r (Bild 1 auf Seite 29).

Mit dem eben entwickelten Sachverhalt muss ich noch einen weiteren Schritt gehen, um auf die Erfordernisse beim Gewitter schließen zu können. Stellt man zum Beispiel einen diffusen Kontakt zwischen zwei Oberflächen meist unterschiedlicher Stoffe her, dann kann beobachtet werden, dass die aufeinandertreffenden, verschiedenen Energieniveaus (Ferminiveaus) der Stoffe sich ausgleichen wollen.

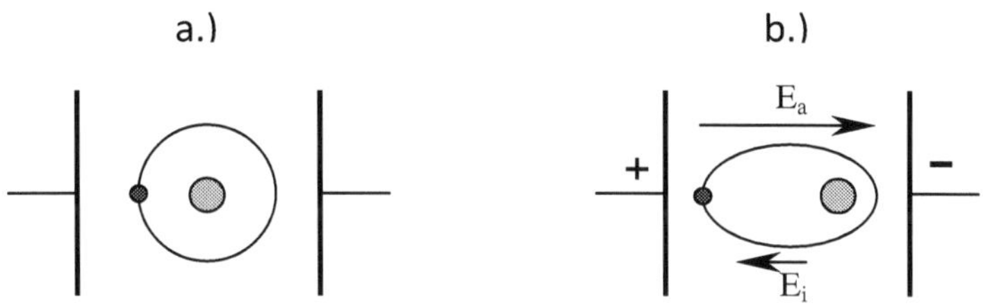

a.) Kondensatordarstellung ohne anliegende Spannung
b.) Überlagerung der Felder bei angelegter Spannung

Legende:

E_a – Feldstärke des äußeren elektrischen Feldes zwischen den Kondensatorplatten
E_i – Feldstärke des inneren elektrischen Feldes, ausgelöst vom Isolierstoff
$E_a > E_i$
$E = E_a - E_i$ (Das resultierende Feld E wird durch E_i gegenüber E_a abgeschwächt)

- Atomkern (+) } vom Dielektrikum
- Elektron (-)

Bild 1: Symbolisierte Geltendmachung des elektrischen Feldes im Kondensator bei Einsatz eines Dielektrikums

Es bilden sich dabei elektrische Doppelschichten aus, dass heißt, es driften Elektronen vom Stoff mit energetisch höherem Niveau zum Stoff mit energetisch niedrigerem Niveau. Bedingung dabei ist die Kontaktierung beider Stoffe. Die Berührungsflächen laden sich demzufolge elektrisch positiv beziehungsweise negativ auf. Die Elektronenbewegung erfolgt vom Stoff mit dem größeren Wert von ε_{r1} zum Stoff mit dem kleineren Wert von ε_{r2}, weil ein Zusammenhang zwischen dem Energieniveau und der Permittivitätszahl der Stoffe besteht. Das ist eine interessante Gesetzmäßigkeit, denn erfüllt man die Bedingung einer innigen Berührung (Kontaktierung) zweier Materialien, dann kommt es zu dieser Ladungsverschiebung und zum Ausbilden der elektrischen Doppelschicht. Die auftretende Energiedifferenz ΔW wird in der Regel als elektromagnetische Welle in Form von Wärme abgestrahlt (Bild 2).

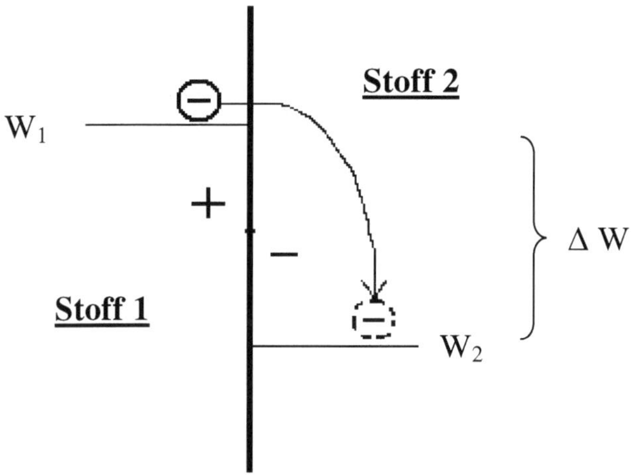

W_1 – Energieniveau vom Stoff 1
W_2 – Energieniveau vom Stoff 2

$\Delta W = W_1 - W_2$ (Energiedifferenz)
$W_1 > W_2$ und $\varepsilon_{r1} > \varepsilon_{r2}$

Bild 2: Modell zur Darstellung des Energieausgleiches mit Ausbildung einer elektrischen Doppelschicht bei Kontaktierung zweier Stoffe

Das Experiment mit dem Bernstein und Katzenfell oder dem Reiben eines Glasstabes auf Wolle hat eigentlich weniger mit der Vorstellung von Reibungsenergie zu tun, sondern mehr damit, dass sich durch den Reibungsvorgang die beiden Stoffe an den Oberflächen innigst berühren können. Der Glasstab mit der größeren Permittivitätszahl wird demzufolge positiv und die Wolle negativ elektrisch geladen. Durch die Bewegung der Stoffe in Folge des Reibungsvorganges kommt es zwangsläufig wieder zur Auftrennung dieser elektrischen Doppelschicht. Zu spüren bekommt man gegebenenfalls in vergleichbaren Betrachtungen die entstandene Spannung durch das Auftrennen der elektrischen Doppelschichten auch beim Aussteigen aus dem Auto im Hochsommer. Ebenfalls lassen sich beim Ausziehen eines Pullovers mit einem hohen Anteil an Kunstfasern (guter Isolierstoff) im dunklen Zimmer die Funken und das Knistern direkt wahrnehmen (Blitz und Donner im Vergleich zum Gewitter). In den beschriebenen Fällen liegen beide Stoffe in fester Form vor. Bei einem Gewitter spielt die gesamte Palette der Stoffkombinationen gasförmig/flüssig/fest eine Rolle.

Der gasförmige Stoff Luft ist sehr labil in seiner elektrischen Beschichtung und wird möglicherweise von existierenden Turbulenzen unmittelbar nach deren Bildung wieder aufgebrochen. Bei Gasen beziehen sich die Doppelschichten vorwiegend auf einzelne Atome oder Moleküle. Von Schichten im eigentlichen Sinne ist hier nicht mehr auszugehen. Es wird stärker der Begriff einer Stoßionisation geprägt.

In Gasen (somit auch in der Luft) und im Vakuum können die Elektronen eigenständig existieren. Auch im Wasser lassen sich freie Elektronen nachweisen. Sie werden hier als hydratisierte Elektronen benannt. Die in Metallen frei beweglichen

Elektronen haben wir bereits kennen gelernt und als Elektronengas bezeichnet.

Ein weiterer Sachverhalt: Befindet sich im elektrischen Feld ein Metall (zum Beispiel eine Kugel), dann wirkt auf das Elektronengas in der Gitterstruktur der Metallkugel so lange eine Kraft, bis das entgegengesetzt strukturierte innere elektrische Feld im Metall mit dem äußeren am Beispiel des Plattenkondensators vom Betrag her gleich groß ist. Das resultierende Feld innerhalb des Metalls hebt sich demnach auf. Es führt zu einem feldfreien Raum, der auch als Faradayscher Käfig be-

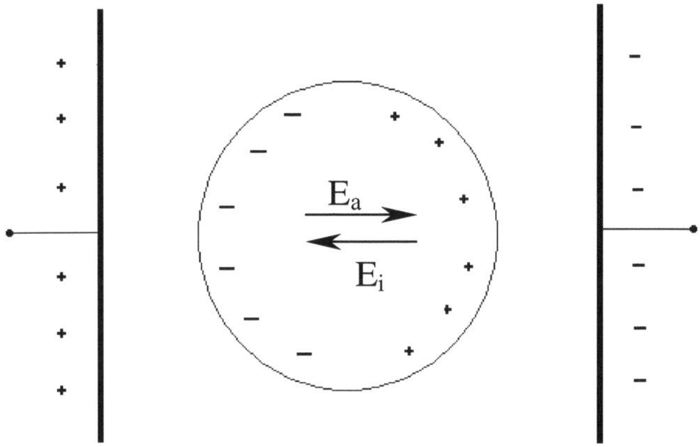

E_a – Feldstärke des äußeren elektrischen Feldes zwischen den Kondensatorplatten

E_i – Feldstärke des inneren elektrischen Feldes der Metallkugel

$E_a - E_i = 0$

Bild 3: Demonstration des feldfreien Raumes in einer Metallkugel

zeichnet wird. Die Permittivitätszahl nimmt bei Metallen auf Grund der Aufhebung der Felder einen sehr großen Wert an ($\varepsilon_{rm} \rightarrow \infty$). Das trifft prinzipiell für alle elektrisch leitenden Stoffe zu. Allgemeingültig wird das Driften von Ladungsträgern in einem Leiter, hervorgerufen durch ein von außen wirkendes elektrisches Feld, als Influenz bezeichnet (Bild 3).

g) Experimente zur Demonstration von Naturerscheinungsformen bei einem Gewitter

Schon in meiner Kindheit habe ich gern physikalische Experimente durchgeführt. Um die eben beschriebenen allgemeinen Erscheinungsformen in der Natur empirisch zu ergänzen, schildere ich drei einfache Versuche zur besseren Veranschaulichung der Vorgänge.

Erstes Experiment:

Ein Onkel von mir war Landwirt. Er hatte beobachtet, dass in Zusammenhang mit einem Gewitter das Wachstum der Pflanzen besonders gut beeinflusst wird. Ich solle doch mal darüber nachdenken, ob etwas getan werden kann, um die Gewittersituation nachhaltig aufrecht zu erhalten und dadurch das Wachstum der Pflanzen zu begünstigen. Er fügte aber scherzhaft hinzu, dass er an Sturm und Hagel nicht interessiert sei.

Meine Idee dazu war, das existierende elektrische Feld beim Gewitter über einen längeren Zeitraum quasi noch andauern zu lassen. Mein Experimentierfeld war der Garten und speziell das Möhrenbeet. Ich spannte über einer Pflanzenzeile im wohldosierten Abstand isolierte Kupferdrähte. Man gab mir noch den Rat, dass bei einem Gewitter das Erdreich positiv geladen sei. Ich legte deshalb den Minuspol einer Gleichspannung an die gespannten Drähte und den Pluspol verband ich mit dem Erdreich. Meine Erwartungen waren geprägt von der beschleunigten Bewegung von Kationen (positiv geladene Ionen), bedingt durch die Wirkung des elektrischen Feldes in den Pflanzen, um das Wachstum damit beschleunigen zu können. Den unmittelbaren Vergleich hatte ich zu den Nachbarreihen, die von mir solch eine mutmaßliche Bevorteilung nicht erfahren hatten. Nach langer und gründlicher Beobachtung musste ich feststellen, dass zwischen den einzelnen Reihen sich kein Unterschied im Wachstum einstellte. Eine Umpolung der Kontakte führte ebenfalls zu keinem anderen Ergebnis. Ich war etwas enttäuscht.

Beim Entfernen des Versuchsaufbaus habe ich die beiden Elektroden der Spannungsquelle in einem gewählten Abstand in die feuchte Erde gesteckt. Mit der verfügbaren Gleichspannung konnte problemlos der dabei fließende Strom gemessen werden. Der Nachweis über die Existenz von beweglichen Ladungsträgern im Erdreich war damit erbracht. Wenn man heute auf das Etikett einer Mineralwasserflasche schaut, dann werden dort die gelösten Kationen und Anionen im Wasser, das gewöhnlich aus einer Quelle stammt (und somit vom Erdreich), detailliert aufgeführt.

Zweites Experiment:

Zu Omas Zeiten gab es noch Parfümzerstäuber aus Kristallfläschchen mit einem angebrachten Gummiball und einer Sprühdüse. Die heute vielfach verwendeten Treibgase kamen damals noch nicht zum Einsatz. Ich habe aus dieser Flasche das Parfüm sorgfältig entfernt und danach destilliertes Wasser eingefüllt. Mit dem Ball konnte ein Druck in der Flasche aufgebaut werden. Das Wasser strömte durch die Metalldüse und wurde dadurch zerstäubt. Der zurückgelegte Weg der kleinen Wassertröpfchen glich nach dem Düsenausgang näherungsweise der Form eines Kegels.

Anschließend habe ich unmittelbar am Düsenausgang zwei gegenüberliegende Metallbleche angebracht und an sie eine Gleichspannung angeschlossen. Beim Zerstäuben des Wassers konnte man gut beobachten, dass nun eine Vielzahl der Wassertröpfchen den Weg zum positiven Pol nahm, das heißt, es mussten negative Ladungen in den Tröpfchen vorhanden gewesen sein. Passiert das Wasser die Metalldüse, führt das zu einer innigen Verbindung (Kontaktierung) der beiden Oberflächen vom Wasser ($\varepsilon_{rw} \approx 80$) und dem Metall ($\varepsilon_{rm}$ » 80). Die Wassertröpfchen sind deshalb nach dem Verlassen der Düse zum großen Teil negativ geladen und nehmen den Weg zur positiven Elektrode. Der Dipolcharakter des Wassers selbst nimmt bei diesen Vorgängen ebenfalls Einfluss. Ähnliche elektrische Ladungsvorgänge lassen sich in der Natur bei einem Wasserfall sowie den Wassertröpfchen in einer Gewitterwolke feststellen.

Drittes Experiment:

Gleich vorweg, dieses einfache Experiment hat mich schon damals vom Ergebnis her sehr beeindruckt. Nun zum Versuchsablauf:

Ich füllte in ein Gefäß destilliertes Wasser. Um einen Kerzenstumpf (elektrisch neutral) in das Wasser tauchen zu können, brachte ich an ihm einen Kunststoffspieß an. Alle Vorbereitungen liefen ohne den Einsatz einer Spannungsquelle ab. Die Kerze wurde von mir am Spieß festgehalten und vorsichtig in das Wasser getaucht, bis sie völlig umspült war. Nach unspektakulärer Entnahme der Kerze aus dem Wasser konnten mit einem Elektroskop die elektrischen Ladungen in der Kerze nachgewiesen werden. Wo kamen die Ladungsträger her? Das Wasser und die Kerze gingen zwischenzeitlich eine innige Verbindung an den Oberflächen ein. Da Wasser eine größere Permittivitätszahl als Paraffin ($\varepsilon_{rw} > \varepsilon_{rp}$) besitzt, wechseln Elektronen vom Wasser in den Kerzenstumpf. Es konnte sich eine elektrische Doppelschicht bilden (Bild 4).

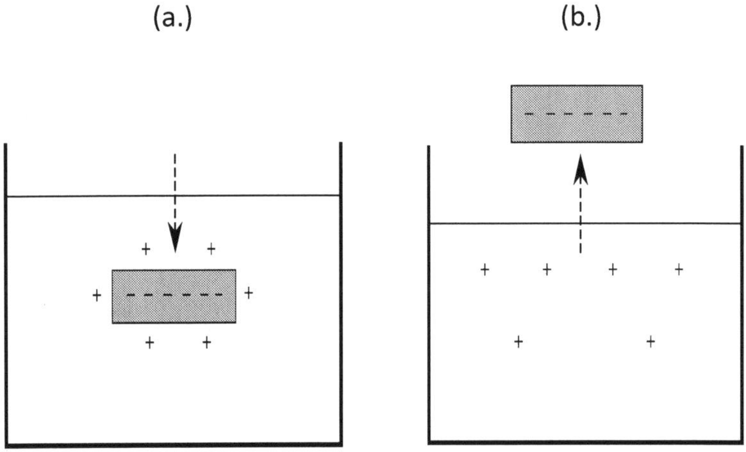

a.) Das Gefäß wirkt bei gebildeter Doppelschicht nach außen elektrisch neutral

b.) Die Ladungstrennung zwischen Wasser und Paraffin ist erfolgt

Bild 4: Das Bilden und Auftrennen einer elektrischen Doppelschicht zwischen Wasser und Paraffin

Der Nachweis der Ladungen gelingt aber erst dann, wenn sich die Kerze wieder außerhalb des Wassers befindet, das heißt, es verlassen hat und die Benetzung der Kerze mit Wasser nicht mehr vorliegt. Würde verallgemeinert betrachtet eine Benetzung des Gegenstandes auch außerhalb des Wassers stattfinden, so erfolgt keine Trennung der elektrischen Doppelschicht. Die Ladungen lassen sich dabei nicht nachweisen.

Dieser geschilderte Effekt der Ladungstrennung ist mit ein wesentlicher Grund für das Entstehen von Gewittern, nur sind es dabei in erster Linie die Berührungsflächen von Luftmolekülen und Wasser (gasförmig /flüssig/fest).

In diesem Zusammenhang darf ich nochmals wegen der tiefgreifenden Tragweite dieser Vorgänge die angeführten elektrischen Doppelschichten definieren. Sie sind als entstehende Grenzschichten zwischen zwei Stoffen zu verstehen und ergeben elektrisch positive Ladungen auf der einen Seite und negative auf der anderen Seite der Berührungsflächen. In abgeschlossenen Systemen erhalten diese Schichten komplexe praktische Bedeutung und eine vielfältige Anwendung. Dazu zählen zum Beispiel: Doppelschichtkondensatoren, Monozellen und Thermoelemente. Auch beim Ski- oder Schlittenfahren bilden sich elektrische Doppelschichten zwischen den Laufflächen und dem Schnee aus. Unser Geruchssinn beruht ebenfalls auf den Energieaustausch über die Ausbildung von elektrischen Doppelschichten zwischen den Duftstoffen und den Rezeptoren in der Riechschleimhaut. Dabei ordnet je nach der eingetretenen Energiedifferenz unser Gehirn den erfahrungsgemäßen Geruch zu. Manchmal kann man sogar ein nahendes Gewitter riechen.

Im folgenden Abschnitt sollen ausgewählte Anomalien des Wassers etwas näher analysiert werden, um den Gewitter auf die heiße Spur zu gelangen.

5 Das Gewitter und die Besonderheiten am Wasser

Ohne Wasser wäre auf der Erde die wichtigste Existenzgrundlage für die Menschen, Tiere und Pflanzen entzogen. Der Mensch selbst besteht überwiegend aus Wasser. Fehlt das Wasser, dann gäbe es wahrscheinlich niemand, der die Ursachen für ein Gewitter zu analysieren in der Lage ist. Eigentlich wäre es auch nicht möglich, dass sich ein gewöhnliches Gewitter bilden könnte, weil dafür Wolken (Wasser) nötig sind.

Wasser benötigen wir Menschen zum Trinken, für die Durchführung von Hygienemaßnahmen, bei der Einbindung in Wirtschaftsprozesse und zunehmend für die Nutzung als Energieressource.

Das Wasser befindet sich auf unserer Erde im ständigen Kreislauf. Als Generator, das heißt Energiequelle, tritt vorwiegend die Sonne ein, damit der hier zu verstehenden Kreislauf zwischen Himmel und Erde keine Unterbrechung erfährt. Unsere Sonne stemmt die Unmengen von Wasser in die dahinziehenden Wolken.

In unserem unmittelbaren natürlichen Lebensraum ist Wasser der einzige Stoff, der in den drei Aggregatzuständen fest, flüssig und gasförmig in Erscheinung tritt. Reines Wasser leitet den elektrischen Strom nicht und trotzdem zeigen die einzelnen Moleküle Dipolcharakter.

Betrachtet man das Wasser als Molekül, so besteht es, wie bekannt, aus zwei Wasserstoffatomen und einem Sauerstoffatom. Die den beiden Wasserstoffatomen zugewandte Seite ist elektrisch positiv orientiert und der Sauerstoff negativ. Als Ursache dafür gilt der eingenommene Winkel zwischen den zwei Wasserstoffatomen von ca. 105 ° im Rahmen der chemischen Bindung (Bild 5).

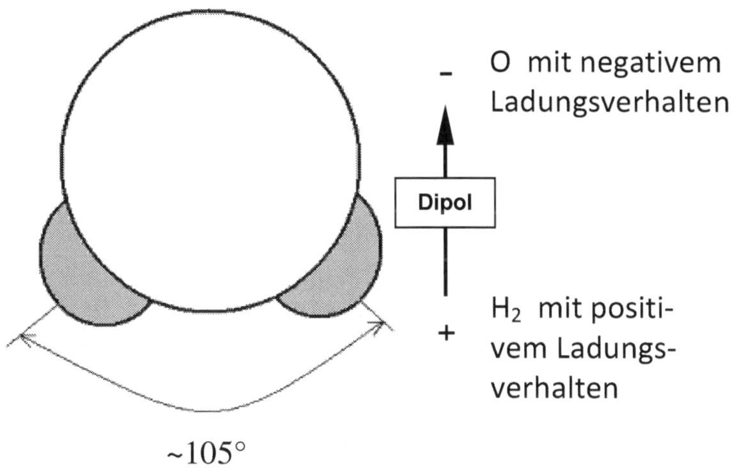

Bild 5: Elektrischer Dipolcharakter des Wassermoleküls

In einem Gefäß mit Wasser (flüssig) wirken die elektrostatischen Kräfte zwischen den einzelnen Dipolen. Das führt zu einer flüchtigen Verkettung der Moleküle. Ähnliche Prozesse laufen auch in einer Wolke ab. Die Bereiche der Wasserbrückenbildung werden auch als Cluster bezeichnet. In stark vereinfachter Form kann man die analoge Vorstellung prägen, dass sich Kinder beim Spielen mit den Händen gegenseitig berühren (rechte mit linker Hand nur gestattet, um den Dipol-Charakter Rechnung zu tragen), immer wieder neue Kinder sich in die Verkettungen einbinden oder das Kinder die eben noch vorhandenen Strukturen verlassen und sich anderen losen Bindungen anschließen. Dieses Beispiel findet den Bezug auf eine Ebene (Spielplatz). In Wirklichkeit laufen diese Prozesse im Wasserbehälter räumlich ab. Dabei fehlen an der Wasseroberfläche entsprechende Dipolpartner und es gestaltet sich als Reaktion darauf die Oberflächenspannung, die bei freier Entfaltung eine Kugelform erscheinen lässt. Die Kugeloberfläche bewirkt die Minimierung der aufgeführten Fehlstellen während der angestrebten flüchtigen Verkettung der Moleküle.

Das Erreichen der höchsten Dichte des Wassers noch in der flüssigen Phase sowie weitere spezifische Eigenschaften werden ebenfalls dem Dipolcharakter verantwortlich zugeordnet. Normalerweise hat ein Stoff (Element) im festen Zustand die größte Dichte, weil die Kristallstruktur die engste Packungsdichte der Atome gewährleisten kann. Diese festen Stoffe gehen demzufolge in ihrer eigenen Schmelze unter. Da Wasser aber bereits bei ca. + 4 °C die höchste Dichte besitzt, schwimmt das Eis auf der Wasseroberfläche. Die Begründung liegt im eingetretenen Ordnungssystem und damit in der größten Packungsdichte der Moleküle durch die Kompensation von thermischer Beweglichkeit und elektrostatischen Dipolkräften der Moleküle bereits in der flüssigen Phase. Den Nutzen aus dieser Konstellation ziehen zum Beispiel die Fische im Winter bei einem zugefrorenen See. Sie können überleben, da auf dem Grund gewöhnlich die Wassertemperatur noch im positiven Bereich liegt.

Bei dem Transport der Wassermolekühle vom Erdboden in die Höhen einer Wolke wird gleichzeitig die größte Wärmekapazität, die eine Flüssigkeit pro Volumenelement in der Natur aufnehmen kann, wie in einem „Rucksack“ verstaut, mit nach oben genommen. Das ist auch der Grund für uns Menschen, dass wir beim Heizsystem im Wohnbereich als Flüssigkeit zum Transport der Wärmeenergie vom Heizungskessel zu den Heizkörpern in den Zimmern Wasser einsetzen. So ist grundsätzlich im Winter bei klirrender Kälte eine warme Stube gesichert.

Über einer Wasseroberfläche entsteht durch Verdunstung ständig Wasserdampf. Diese Gasphase entwickelt sich bei der Wärmebewegung einzelner Molekühle und wird im Wesentlichen durch die Wassertemperatur bestimmt. Wasserdampf ist unsichtbar, amorph, kompressibel und besitzt eine hohe Wärmeausdehnung. Die Wechselwirkung zwischen den einzelnen Molekülen erfolgt durch elastische Stöße. Wasserdampf entsteht auch beim Kochen im Siedepunkt, doch hat dieser Betrachtungsbereich bei der Entstehung eines Gewitters kaum Bedeutung.

Wesentlicher ist die durch Verdunstung entstandene Luftfeuchtigkeit in der Atmosphäre, die bis zu 4 Vol.-% Wasserdampf aufnehmen kann. Ist der Wasserdampf in die Luft übergegangen, so bestimmt hauptsächlich die Lufttemperatur das Aufnahmevermögen des Dampfes. Wird die Sättigungskonzentration erreicht, kondensiert der Wasserdampf. Es liegt dabei der Taupunkt vor. Dazu sind jedoch Kondensationskerne notwendig, damit sich ein Wassertropfen bilden kann. Es wird bei der Kondensation die eben noch aufgebrachte Verdunstungsenergie in Form von Wärme wieder an das Umfeld zurückgegeben. Kondensationskerne sind in der

Luft Schwebeteilchen, wie zum Beispiel Staub, Ruß, Pollen, Pilze, Bakterien, Viren und Salzkristalle oder auch Ionen. Manchmal wird der Saharastaub von den Luftmassen sogar bis in unsere Regionen getragen oder es gelangt die Asche eines ausgebrochenen Vulkans in unsere Gefilde. Dann besteht kein Mangel an Kondensationskernen in der Atmosphäre.

Die kondensierten Wassertröpfchen reagieren mit den Kernen. Es kann sich eine elektrische Doppelschicht zwischen dem Kondensationskern und den Wassermolekülen bilden und bietet ihnen Halt. Salze lösen sich im Tropfen oder es finden chemische Reaktionen statt. Industrieabgase können als Beispiel zu dem berüchtigten sauren Regen führen.

Bei sinkenden Temperaturen bilden sich aus den Wassertröpfchen Eiskristalle. Es besteht hierbei aber die Besonderheit, dass Kristalle auch aus Wasserdampf direkt geformt werden können, ohne die Flüssigphase eingenommen zu haben. Hierzu sind Kristallisationskeime in aller Regel notwendig, die sich in der Luft befinden müssen. Als Formen der Kristallbildung in der Atmosphäre können Schnee mit seinen sechs Kanten in der Grundstruktur, Graupel mit dem milchigen Erscheinungsbild oder Hagel als glasige Eisbrocken entstehen. Übrigens, jede Schneeflocke ist unter den Millionen und Abermillionen für sich sehr wahrscheinlich ein Unikat.

Findet sich bei der Abkühlung für ein Wassermolekül in der Gasphase kein Kondensationskern beziehungsweise Kristallisationskeim, so führt das zur weiteren Unterkühlung des Wasserdampfes. Erst bei Temperaturen von etwas unter - 40 °C erfolgt eine Eiskristallbildung auch ohne Vorhandensein der Keime. Es kann deshalb davon ausgegangen werden, dass bei ca. – 50 °C fast kein Wasserdampf sich mehr in der Atmosphäre befindet. Den hauptsächlichen Unruhestifter Wasser für all die Turbulenzen in der Luft mit den in Erscheinung tretenden Wetterkapriolen gibt es in diesen Höhen von etwas über 12.000 m demzufolge kaum noch. Hier liegt auch in unseren Regionen die obere Grenze der Troposphäre mit ihrer Schicht der Tropopause. Es schließt sich die Stratosphäre an. Sie bleibt für das direkte Wettergeschehen weitgehend außen vor (siehe auch Bild 7 auf Seite 52). Die dort vorherrschende relative Ruhe der Luftmassen wird besonders von den Flugzeuginsassen sehr geschätzt. Speziell für die Luftfahrt wurde sogar eine allgemeingültige Normatmosphäre geschaffen, die sogenannte ICAO-Standardatmosphäre (International Clivil Aviation Organization).

Die Eiskristalle haben noch eine weitere Besonderheit. Die Moleküle können wiederum direkt von der kristallinen Form (fest) in die Gasphase wechseln und als Wasserdampf auftreten. Dieses Erscheinungsbild liegt vor, wenn zum Beispiel gefrorene Wäsche bei frostigen Temperaturen im Freien trotzdem trocknet oder dass eine Schneemasse, ohne von Tauwetter begleitet zu sein, in der Winterlandschaft abnimmt. Diese Vorgänge bezeichnet man als Sublimation.

Da der Wasseranteil in der Atmosphäre sehr entscheidend für die Entwicklung des Wetters und speziell eines Gewitters ist, braucht man Möglichkeiten dies messtechnisch zu erfassen. Es werden dabei die absolute, die maximale und die relative Feuchte untersucht. Vielmals gehen die Meteorologen von der relativen Luftfeuchte aus. Sie gibt das Verhältnis von der in der Luft enthaltenen Menge von Wasserdampf zu deren maximal möglichen Menge an und wird in der Regel in Prozent beschrieben. Damit wird das ständige Wechselspiel des

Wassers in der Atmosphäre von Verdampfung und Kondensation um den sogenannten Taupunkt zum Ausdruck gebracht. Mit dem Erreichen und Unterschreiten des Taupunktes entstehen aus dem unsichtbaren Wasserdampf in unserer Atmosphäre die Wolken. Bei der Taupunkttemperatur stellt sich das Gleichgewicht zwischen dem verdunsteten und kondensierten Wasser ein.

Die Bildung der kleinen Wassertröpfchen in der Troposphäre kann gleichzeitig die Geburtsstunde für das spätere Entstehen einer Gewitterzelle sein.

6 Die Geburtsstunde einer Gewitterwolke

Wolken haben etwas Faszinierendes. Schon immer war ich vom Erscheinungsbild der Wolken begeistert. Man liegt an einem warmen Sommertag auf einer Wiese, vergisst die vielen Blumen und Insekten im unmittelbaren Umfeld und schaut in den Himmel. Dort ziehen lautlos große, weiße Wolkenberge ähnlich wie zerpflückte Watte langsam dahin. Das leuchtende Weiß der Wolken steht in Kontrast zum herrlichen Blau dahinter, das sich aus den Weiten des Universums hier bilden kann. Meteorologen benennen diese beschriebenen Wolken als Schönwetter- oder Cumulus(wolken).

Wie entstehen nun eigentlich die Wolken und was sind im Konkreten die Besonderheiten der Cumuluswolke? Wir beziehen uns auf die Cumuluswolken, weil daraus die Gewitterwolken entstehen können und beide Wolkenarten im Grunde genommen eine deutliche Abgrenzung ihrer Ausdehnung besitzen. Sie zeichnen sich außerdem durch eine relativ kompakte innere Struktur aus. Die Betrachtungsweise dieser Wolken muss deshalb einmal makroskopisch erfolgen, dass heißt, die Wolke als Ganzes analysieren, und mikroskopisch die Vorgänge im Inneren der Wolke darlegen.

Zur mikroskopischen Betrachtung:

Gehen wir das Ergründen der Wolkenbildung schrittweise an. Mit etwas Glück kann man an einem ruhigen Herbstmorgen über einem See in unmittelbarer Nähe das Entstehen von Wolken beobachten. Das Wasser im See ist noch relativ warm, so dass es an der Oberfläche unter Nutzung der verfügbaren Energie verdunsten kann. Die darüber liegende Luft ist aber verhältnismäßig kühl. Der Taupunkt wird hierbei unterschritten und der Wasserdampf kondensiert. Es bilden sich kleine Wassertröpfchen um einen Kondensationskern. Bei diesen Vorgängen vollziehen sich auf engem Terrain während der Verdunstung differenzielle Explosionen und im Rahmen der Kondensation differenzielle Implosionen, da sich in beiden Situationen das Volumen des Wassers sprunghaft verändert. Mit entsprechender Technik können sogar die dabei entstehenden knisternden Geräusche hörbar gemacht werden. Die sichtbaren kleinen Wassertröpfchen schweben in einem gewissen Abstand zur Oberfläche des Sees dahin und wir erkennen sie in ihrer Vielzahl möglicherweise als Nebelschwaden.

In anschaulicher Weise lässt sich die Wolkenbildung nach einem Sommerregen über Waldflächen beobachten. Besonders an Berghängen ist das Naturschauspiel ersichtlich. Der durch den Regen sich im Wald gebildete Wasserdampf kondensiert gleich anschließend über den Baumwipfeln wieder und ist als Wolke direkt erkennbar. In deutlicher Abgrenzung wird von unten ständig neuer Wasserdampf geliefert und die

Wassertröpfchen gelangen durch den Auftrieb in immer höhere Luftschichten. Kinder bezeichnen diesen Vorgang oft als: „Die Hexe kocht im Wald eine verzauberte Suppe“.

Liegt der Taupunkt in höheren Luftschichten, so bilden sich nach unserer gemeinsamen Begriffswelt dort oben am Himmel diese Wassertröpfchen und wir bezeichnen sie als dahinziehende Wolken. Durch die mögliche Schattenbildung kann sich der Taupunkt direkt an der Unterseite der Wolke weitgehend stabilisieren. Es ist jedoch immer noch sehr wahrscheinlich, dass sich auf Grund der gestreuten Energie, nach unterschreiten des Taupunktes, Wasserdampf in der Wolke befindet.

Den Vorgang der Wassertröpfchenbildung möchte ich gern Schritt für Schritt analysieren. Vorangestellt werden muss, dass die Aggregatzustände bei den meisten Stoffen in der Natur diskret vorliegen. Das bedeutet im Speziellen: Wasser ist entweder fest, flüssig oder gasförmig. Ein Zustand dazwischen lässt sich nicht erkennen. Beim Kondensieren des Dampfes dockt ein Wassermolekül beispielsweise am Staubkorn an und es kommt zum Energieausgleich zwischen den beiden. In der Regel gibt das Wasser Elektronen an den Kondensationskern ab. Weitere Wassermoleküle koppeln sich an und wechseln den Aggregatzustand. Dabei wird die in den Molekülen gespeicherte Verdampfungsenergie freigesetzt und an die Umwelt in Form von Wärme wieder abgegeben. Gleichzeitig erfolgt schlagartig eine Volumenreduzierung. Der sich damit vollziehende Vorgang kann als differenzielle Implosion verstanden werden. Er führt zwangsläufig zu einer innigen Berührung der Moleküle im unmittelbaren Umfeld. Mit bloßem Auge lässt sich dieser Prozess natürlich nicht beobachten, da ein Wassermolekül nur einige Pikometer (Piko = 10^{-12}) groß ist. Nur wenn sich sehr viele Moleküle um den Kondensationskern scharen, nehmen wir es als kleines Wassertröpfchen wahr.

Nun zur makroskopischen Betrachtung einer Cumuluswolke:

Wie ich bereits dargestellt habe, sind diese Wolken scharf abgegrenzt und relativ kompakt. Die Clusterbildung der Wassertröpfchen untereinander im freien Raum, bedingt durch den Dipolcharakter der Moleküle, führt als Ursache mit zur Ausbildung der bekannten Wolkenformen unter Beachtung existierender Turbulenzen.

Für die Gründe zur Entstehung der Cumuluswolke muss noch etwas tiefgründiger analysiert werden: Im Kleinen, wie auch im Großen, verteilt sich die Energie selten homogen. Wie bereits dargestellt, nehmen die einzelnen Atome oder Moleküle der Luft unterschiedliche Energiemengen auf. Diese Erscheinungsform tritt bei deren Energieaufnahme ein, wenn sich über der Erdoberfläche durch die gegebenen unterschiedlichen Strukturen (z.B. Städte, Felder, Wald, Berghänge, Seen usw.) während der Sonneneinstrahlung die Luft großvolumig verschiedentlich erwärmt. Ähnlich der Gestalt eines wuchtigen Ballons erhitzt sich die Luft in abgegrenzter Form über der markanten Erdoberfläche und steigt mit dem aufgenommenen Wasserdampf noch oben, weil sie leichter als die etwas kühlere Luft der Umgebung geworden ist. Als Beispiel zur Veranschaulichung dieses Vorganges kann auch eine aufsteigende Luftblase im Wasser dienen, wobei statt des Wassers man sich die kühlere Luft in der angrenzenden Umgebung vorstellen muss. Mit zunehmender Höhe wird es kälter und der Taupunkt stellt sich ein. Der Wasserdampf kondensiert zuerst am äußeren Bereich des Warmluftvolumens (vorstellbar als scheinbarer Ballon oder Blase im Wasser). Der Abkühlungsprozess setzt sich dann nach innen fort und die Wolke kann sich in der zu beobachtenden vielfältigen Form ähnlich eines Wattebausches bilden. Verantwortlich für die internen Turbulenzen während der Abkühlung sind wiederum die dabei entstandenen Temperaturdifferenzen und führen zu den markanten Ausstülpungen an der sichtbaren Oberfläche der Quellwolke. Lassen die Energieverhältnisse da oben wieder eine Verdunstung des Wassers zu, dann löst sich die Wolke möglicherweise sogar anschließend wieder auf. Erfolgt vom Erdboden Nachschub und kann dieser Wasserdampf in der Wolke kondensieren, so nimmt sie an Volumen zu. Wenn sich letztendlich die Temperatur in der Wolke weitgehend ausgeglichen hat, kehrt vorerst annähernde Ruhe in ihr ein. Mit der regionalen Luftströmung geht sie dann am Himmel auf Wanderschaft und entschwindet schließlich aus unserem Betrachtungsfeld.

Bei besonderen Wettersituationen kann es vorkommen, dass sich zwei Taupunkte direkt übereinander in unterschiedlichen Höhen bilden können. Es sind zwei Wolkenformationen in unterschiedlicher Aufstufung zu beobachten. Damit überlagen sich zwei labile Luftschichten, die sogar unterschiedliche Strömungsgeschwindigkeiten und –richtungen aufweisen können. Durch diese Situation erfolgt zwangsläufig eine Unterbrechung der Luftzirkulation in vertikaler Richtung und die Niederschlagswahrscheinlichkeit steigt bei solch einer Erscheinungsform erheblich an.

Durch die abgegrenzte Kompaktheit der Cumuluswolke entsteht zwischen der umgebenden Luft und der Wolkenoberfläche eine schwache elektrische Doppelschicht, wobei die Wolke positive Ladungen und die angrenzende Luftschichtung negative Ladungen aufweist. Dieser Ladungsbestand trifft zumindest für das untere Drittel der Wolke zu. Ein wesentlicher Grund dafür sind der von den Wassermolekülen im unteren Teil der Wolke angetroffene Taupunkt sowie die relativ bescheiden auftretenden Turbulenzen. Da die Wassertröpfchen vorwiegend von der umgebenden Luft getragen und bewegt werden, besteht kaum eine Geschwindigkeitsdifferenz zwischen diesen beiden Medien. Ähnliche Feststellungen lassen sich als analoges Beispiel bei einer Heißluftballonfahrt treffen. Die im Korb befindlichen Personen spüren ebenfalls nicht den Wind, der die Richtung und Geschwindigkeit der Fahrt bestimmt. Bezogen auf die Wolke geht man davon aus, dass die sie umgebende Doppelschicht zumindest im unteren Bereich von Bestand sein kann. Die Doppelschicht, als zu verstehender fadenscheiniger Schleier, kann in vager Vorstellung als eine Art Gefäß für die Ladungsträger in der Wolke dienen (Bild 6).

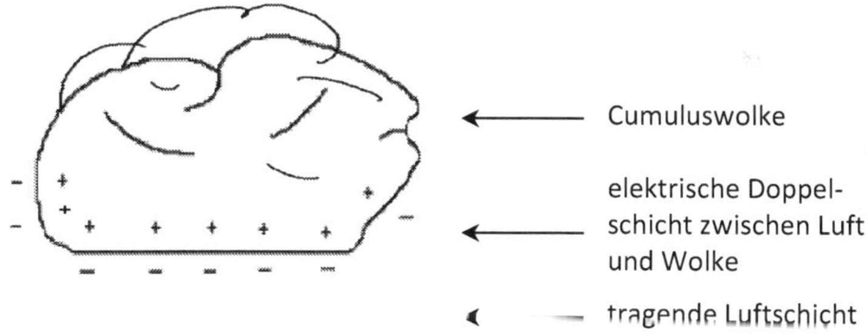

Bild 6: Ausgebildete elektrische Doppelschicht im unteren Bereich der Cumuluswolke

Während des Dahinschwebens der Cumuluswolken herrschen im Inneren energetisch relativ stabile Zustände. Ein Nachschub von Wasserdampf und damit Energie findet kaum noch statt.

Als Fazit werden die Formgebung dieser Wolken im Wesentlichen beeinflusst von den noch verfügbaren Energieressourcen und den dadurch entstehenden Turbulenzen, den ausgebildeten elektrischen Doppelschichten sowie der Dipoleigenschaft des Wassers mit seiner Clusterbildung. Es ist demzufolge nicht nur eine Kraft, die der Wolke die Form verleiht.

Die komplexe Charakteristik bei der Entstehung von Cumuluswolken trifft im Wesentlichen auch für die später einsetzende Entstehungsphase der Cumuloniumbus(wolken) zu. Sie werden im allgemeinen Sprachgebrauch als Gewitterwolken bezeichnet.

Wie verhält es sich beim Ausbilden der Gewitterzelle eines Wärmegewitters? Das reine Wärmegewitter entwickelt sich fast ausschließlich und direkt durch die Arbeit der Sonne. Die dafür erforderliche Kraft kann sie aber erst ab einer bestimmten Höhe des Sonnenstandes erreichen. Als Faustregel gilt dafür der Zeitraum zwischen April und September. Durch die vermehrte Verdunstung des Wassers von der relativ warmen Erdoberfläche werden immense Wassermassen und damit Energie nach oben transportiert. Der Auftrieb des Wasserdampfes ist kein Problem, da er leichter als Luft ist. Wenn der Zufall es will, können die schon gebildeten einzelnen Wassertöpfchen in der Luft durch die Sonnenstrahlen bei bestehenden Wolkenlücken sogar sichtbar sein. Man bezeichnet dieses Erscheinungsbild etwas salopp als „die Sonne zieht Wasser". Beim Erreichen der Wolke wird vom Wasserdampf in der Regel der Taupunkt erreicht. Der Dampf kondensiert wie schon beschrieben. Durch die dabei wieder freigesetzte Verdunstungsenergie in Form von Wärme erhält der Wassertropfen einen weiteren Auftrieb. Gleichzeitig erfolgt vom Erdboden her ein ständiger Nachschub an Wasserdampf. Es entstehen in der Wolke gewaltige Aufwinde und ein immer höheres Auftürmen der Wassertröpfchen. Die entstandenen steil nach oben ragenden Wolkenberge bezeichnet der Volksmund auch als „Gottesfinger“. Die Cumulonimbuswolke beginnt sich zu bilden und die Geburtsstunde für die Gewitterzelle ist gegeben.

Gelangt der noch verbliebene Wasserdampf in der Wolke in höhere und damit kühlere Regionen, dann geschieht folgendes: Beim Kristallisieren der Wasserdampfmolekühle um einen Kristallisationskeim auch ohne einer Flüssigphase oder wenn die Keime im Temperaturbereich von unter – 40 C° fehlen, dann werden in dieser Situation die anfallende Verdunstungsenergie und die Schmelzenergie an die Luft zurückgegeben. Damit erhalten die Eiskristalle einen sehr intensiven sowie letzten Auftrieb im oberen Bereich der Wolke und erlangen nochmals eine starke Beschleunigung. Anschließend beruhigt sich die Situation. Ein weiterer Nachschub an Energie bleibt da oben weitgehend aus, weil die Wasserdampfressourcen nun fehlen. Die Cumulonimbuswolke flacht zur sogenannten Ambossform ab (Bild 7 auf Seite 52).

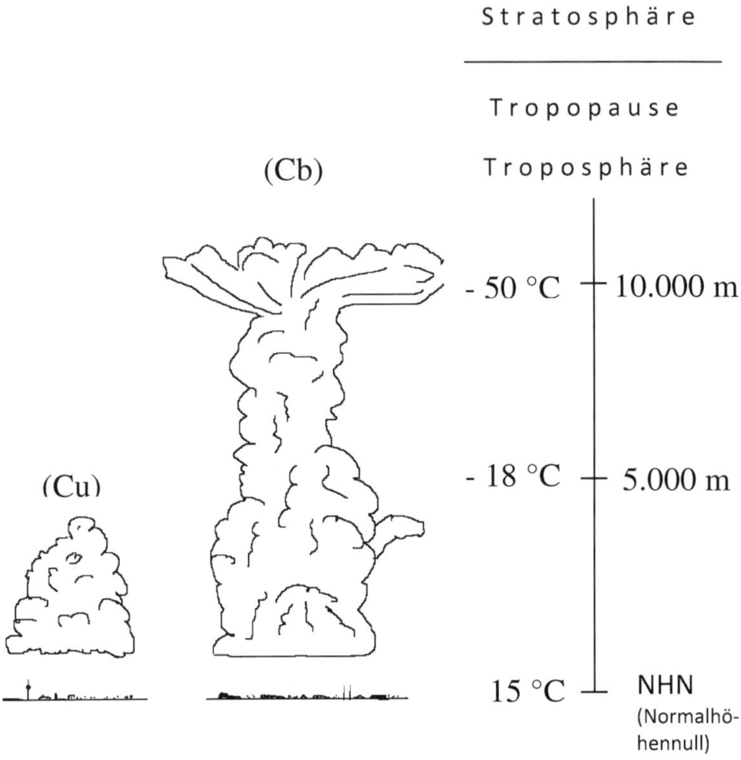

Bild 7: Der vertikale Aufbau einer Cumuluswolke (Cu) und Cumulonimbuswolke (Cb) in Anlehnung an die Standardatmosphäre

Die Gemeinsamkeiten der beiden Wolkenarten habe ich bereits hervorgehoben. Jetzt ist es an der Zeit, auch die wesentlichen Unterschiede zwischen einer Cumulus- und Cumulonibuswolke hervorzukehren. In der Schönwetterwolke bestehen relativ ausgeglichene Energieverhältnisse durch den mangelnden Nachschub an Wasserdampf. Das kann man selbst problemlos durch Beobachtungen feststellen, weil sich die Formgestaltung der Wolke beim Dahinschweben nicht sonderlich verändert. Bei der Gewitterwolke ist das ganz anders. In ihr mangelt es nicht an Energiezufuhr. Die dadurch eingesetzten starken Turbulenzen verändern das Aussehen der Wolke ständig. Beim Beobachten dieser Vorgänge hat man sogar das Gefühl, als würde es im Inneren mächtig „kochen". Auch das Auftürmen in immer höhere Luftschichten ist festzustellen. Dabei geht es nicht nur um das ständige Höherwerden der Wolke, sondern gleichfalls um eine immense Zunahme ihres Volumens. Dies bedeutet, die Mengen an Wasser und Energie nehmen gewaltige Ausmaße an. Das sind die wesentlichen Voraussetzungen für die einsetzende Energiewandlung in Elektroenergie und das spätere Ausbilden von hohen Spannungen in der Wolke, welche dann Blitz und Donner auslösen können. Elektrische Spannungen lassen sich jedoch immer nur über zwei Raum-Punkte erfassen. Wie diese Spannungen in der Wolke vorerst unmerklich aufgebaut werden, beschreibe ich im nächsten Schwerpunkt.

7 Die Entstehung der elektrischen Spannung in einer Gewitterzelle

Die Bildung der kleinen Wassertröpfchen beziehungsweise Eiskristalle in den Wolken ist schon ein sehr vielschichtiger und diffiziler Vorgang. Ich versuche darüber hinaus nun die Abläufe für das Entstehen von elektrischen Spannungen in einer Wolke zu ergründen. Denn das ist der Knackpunkt für die Bildung eines Gewitters.

Primär entstehen Gewitter und andere Wettererscheinungen durch Energietransporte, die vom Wasser übernommen werden. Die Energiebereitstellung erfolgt in erster Linie durch unsere Sonne.

Ein Energietransport, wie er in den Luftschichten der Troposphäre stattfindet, führt aber immer auch zu einer Energiedifferenz, die sich aufbaut und wieder ausgleichen will. Bei Temperaturdifferenzen handelt es sich beispielsweise um Wärmeenergie. Beim Gewitter kommt noch hinzu, dass durch die Bereitstellung erhöhter Energieressourcen eine Energiewandlung in Elektroenergie stattfindet, das heißt, es erfolgen Ladungstrennungen, die dann zu den Potentialdifferenzen beziehungsweise Energiedifferenzen pro Ladung führen. Diese generellen komplexen physikalischen Vorgänge passieren bei allen Gewitterarten. Dazu zählen Wärmegewitter, Frontgewitter und orografische Gewitter. In einem Frontgewitter führen kalte und warme Luftschichten, die aufeinander treffen, zu den erforderlichen Energiedifferenzen. Die Entstehung einer Warmfront hat ähnliche Prozesse zum Gegenstand, wie sie auch zu Beginn bei einem Wärmegewitter vorliegen. Ein orografisches Gewitter lässt die Temperaturdifferenzen an geografischen Besonderheiten, wie an Gebirgsketten und Berghängen entstehen. Andere Entstehungsformen von Blitz und Donner, wie zum Beispiel während eines Vulkanausbruchs, können sich ebenfalls bilden.

Da die einzelnen Gewitterarten viele Gemeinsamkeiten in den Wirkprinzipien aufweisen, beziehe ich mich bei meinen Erklärungen im Speziellen auf das Wärmegewitter. Das, so hoffe ich, macht die zu beschreibenden Sachverhalte noch anschaulicher. Bezüglich Blitz und Donner während eines Vulkanausbruchs nehme ich später spezielle Untersuchungen vor.

Nachfolgend greife ich die allgemeinen und wesentlichen Bedingungen für das Ausbilden der elektrischen Spannung in einer Cumulonimbuswolke heraus. Dabei ist von Vorteil, dass die physikalischen und chemischen Ansatzpunkte von mir bereits hierfür im Punkt 4 fasslich dargestellt werden konnten.

Zum wesentlichen Bedingungsgefüge für das Entstehen von gigantisch hohen elektrischen Spannungen in einer Gewitterzelle gehören:

- Bereitstellung der erforderlichen Energie durch Wasserdampf (meist unterkühlt),

- differenzielle Implosionsvorgänge in Folge des Aggregatzustandswechsels von Wasser (gasförmig → flüssig/fest), um die Kontaktierung der unmittelbar benachbarten Stoffe zueinander in der Troposphäre herzustellen,

- Ausbildung von elektrischen Doppelschichten zwischen Wasser und den Luftmolekülen,

- Auftrennen der Doppelschichten durch starke Turbulenzen,

- hohe Geschwindigkeiten der positiven und negativen Ladungen für eine großflächige Ladungstrennung sowie die Ausbildung von Raumladungen in der Wolke.

Im Einzelnen ergeben sich daraus folgende Aspekte:

Bei einer ersten Erscheinungsform im Rahmen der Entstehung von Gewitterzellen bildet sich im Inneren des Wassertropfens zwischen dem Staubkorn und dem Wasser eine elektrische Doppelschicht. Sie kommt nach außen in der Regel nicht zur Geltung und dient zur Stabilisierung des Wassertröpfchens.

Anders verhält es sich mit der gebildeten Doppelschicht zwischen der Oberfläche des Wassers und der den Tropfen umgebenden Luft. In allgemeingültiger Begriffswahl ist an dieser Stelle das Wort Luft zugelassen. Im Konkreten sind es in erster Linie Stickstoff- und Sauerstoffmoleküle. Da diese beiden Molekülarten sich kaum in der Permittivitätszahl unterscheiden, können wir getrost von der Benennung Luft Gebrauch machen. An der bezeichneten äußeren, schwach ausgeprägten Doppelschicht wechseln Elektronen vom Wasser in die Luft. Zwischen den gasförmigen Molekülen und dem Wassertropfen besteht jedoch eine sehr labile Kopplung, die bei einsetzenden Turbulenzen sich lösen kann. Damit ist die Grundlage für eine Ladungstrennung nachweislich vollzogen. Es existieren nun positiv geladene Wassertropfen und Elektronen in der Luft. Eine hervorzukehrende Basis für das Ausbilden der Gewitterzelle ist damit gelegt. Die eben beschriebene Entstehungsform einer Ladungstrennung konnte sich jedoch nur schwach ausprägen. Der Grund dafür besteht in der elastischen Verformung von Luft und den Wassertropfen. Sie fördert nur bedingt die Entstehung der elektrischen Doppelschicht. Die Kontaktierung der beiden Stoffe von Luft und flüssigen Wasser ist in diesem Fall nur lose und flüchtig. Als Fazit muss eingeschätzt werden, dass allenfalls der erzeugte Teil an elektrischen Ladungen als Anschub zur Entstehung einer Gewittersituation aufzufassen ist. Sonst müsste als Schlussfolgerung jede Wolkenbildung auch zu einer Gewittersituation führen.

Natürlich kommt es auch vor, dass Elektronen aus der Luft wieder mit den positiven Wassertröpfchen rekombinieren, das heißt, der Wassertropfen wird elektrisch neutral. Auch hier ist eine Kontaktierung von Luft und Wasser erforderlich. Dieser Vorgang wird durch die vorhandenen elektrostatischen Kräfte unterstütz. Ebenfalls können Wassermoleküle aus einem Wassertropfen auf Grund gestreuter Energieverhältnisse erneut verdunsten.

Die nachfolgend aufgeführten drei Erscheinungsformen für die Entstehung und Auftrennung elektrischer Doppelschichten sind bei der Bildung von elektrischen Spannungen in einer Gewitterwolke wesentlich markanter:

- Während des Aufsteigens der Wassertröpfchen fällt die Temperatur in der Wolke immer weiter ab und es können sich Eiskristalle bilden. Dieser Vorgang hat eine Besonderheit zu beachten. Die Kristallisation aus der Flüssigphase führt nicht zu den Implosionsvorgängen beim Aggregatzustandswechsel, da der abrupte Volumenzuwachs in dieser Situation fehlt. Die Kontaktierung der Luftmoleküle mit den Eiskristallen bleibt vorerst aus. Erst dann, wenn sich Eiskristalle durch die mehrfachen Auf- und Abbewegungen, bedingt durch die Turbulenzen in der Wolke, zu Hagelkörnern formen und weitere Wasserdampfmoleküle sich an das Eis andocken, kommt es zur Kontaktierung zwischen Eis und Luft und führt zu einer vergleichsweise noch geringen Bereitstellung von Ladungen. Die hohe Geschwindigkeit der Hagelkörner trennt diese elektrischen Doppelschichten wieder auf, das heißt, es generieren auch hier positive und negative Ladungen (Ladungsträgerpaare). Diese Abläufe lassen sich mit dem Reiben des Glasstabes auf Wolle vergleichen. Werden die Hagelkörner in der Wolke zu schwer, dann fallen sie zur Erde und nehmen die positiven Ladungen gleich mit. Je nach Temperatursituation in der Luft, der zurückgelegten Wegstrecke sowie der Größe der Körner fallen sie als Hagel, Graupel oder große Wassertropfen zur Erde. Das positive elektrische Potential nimmt das Erdreich auf und überlagert sich additiv mit der möglichen Ladungsverschiebung durch Influenz an der Erdoberfläche. Die Influenzerscheinung wird dabei durch die zurückgebliebenen negativen Ladungen im unteren Teil der Wolke ausgelöst.

- Haben Wasserdampfmoleküle beim Aufsteigen bisher keine Kondensationskerne angetroffen, sind die Kerne demzufolge in der Luft rar geworden, so führt das zur Unterkühlung des Dampfes. Sind erst bei tieferen Temperaturen in den höheren Luftschichten der Troposphäre Kristallisationskeime verfügbar, dann gefriert der unterkühlte Wasserdampf erst jetzt ohne die Flüssigphase durchlaufen zu haben und es kommt hier zu implosionsähnlichen Abläufen. Die dabei entstandenen elektrischen Doppelschichten werden durch die vorliegenden hohen Aufstiegsgeschwindigkeiten der Kristalle sofort wieder getrennt und es entsteht hierbei der <u>Hauptanteil</u> der getrennten Ladungen in der sich bildenden Gewitterzelle. Ein triviales Beispiel soll die Volumenverkleinerung beim Bilden der Eiskristalle in dieser Situation verdeutlichen: Es werden am Boden umherliegende Ziegelsteine zu einem kompakten Würfel aufgeschichtet. Bei dieser Arbeitsverrichtung wird die Volumenreduzierung der anfangs ungeordnet umherliegenden Steine und der anschließend geschichteten Anordnung anschaulich vor Augen geführt.

- Liegen auch in den hohen Luftschichten kaum Kristallisationskeime vor, so bilden sich die Eiskristalle auch ohne der Keime aus dem noch verfügbaren unterkühlten Wasserdampf bei Temperaturen unter – 40 °C. Auch hier führt es zu differenziellen Implosionsvorgängen. Die Ausbeute der generierten Ladungen ist hierbei etwas niedriger, weil die sich gebildeten Eiskristalle in der Anzahl vergleichsweise geringer sind als beim Vorliegen der Kristallisationskeime und weil deren Aufstiegsgeschwindigkeit im oberen Bereich der Gewitterwolke langsamer wird.

Als Fazit der Analyse lässt sich zusammenfassen: Es ist unverkennbar, dass bei den geschilderten differenziellen Implosionen ein inniges Berühren (Kontaktieren) der Luftmoleküle mit den aus der Gasphase entstandenen Eiskristallen stattfindet. Die dabei erzeugten elektrische Doppelschichten werden durch die vorhandenen Turbulenzen, mit dem Ergebnis der Bereitstellung von Ladungsträgerpaaren, wieder aufgetrennt. Es sei nochmals erwähnt, dass die Doppelschichten mit den Luftmolekülen beim Bilden der Eiskristalle direkt aus dem unterkühlten Wasserdampf stärker ausgeprägt ist, als beim schon beschriebenen Vorgang aus der Flüssigphase des Wassers. Die Gründe dafür liegen in der angetroffenen Aggregatzustandskombination.

Während des gemeinsamen Aufsteigens von Elektronen und positiv geladenen Eiskristallen mit hoher Geschwindigkeit, bedingt durch die wieder freigesetzte Schmelz- und Verdunstungsenergie, driften diese beiden Teilchen auseinander, obwohl die elektrostatischen Kräfte gerade das Gegenteil bewirken können. Das liegt am gebildeten magnetischen Feld. Es baut sich um jede bewegte Ladung zwangsläufig auf. Bei diesen Bewegungsabläufen stoßen sich die Teilchen ab. Da die Massen dieser Teilchen sehr ungleich verteilt sind, wird nur das Elektron seitlich abgelenkt. Das positiv geladene Wasser (Eiskristall) setzt fast unbeirrt den Weg nach oben fort. Die bedeutsame Ladungstrennung zur Entstehung eines Gewitters ist verrichtet. Es muss aber nochmals betont werden, dass sich die beschriebene Ladungstrennung nur bei hohen Geschwindigkeiten der Teilchen vollziehen kann. Insbesondere beim Vorhandensein des unterkühlten Wasserdampfes erhalten die Teilchen durch die Abgabe der Verdunstungs- und Schmelzenergie zum Zeitpunkt der Kristallisation einen besonders starken Auftrieb. Die erhöhte Geschwindigkeit der Teilchen führt dazu, dass die magnetische Kraft gegenüber der elektrostatischen dominiert. Die magnetische Kraft (Lorentzkraft) verhält sich proportional der vorliegenden Teilchengeschwindigkeit (Bild 8 auf Seite 61).

Nach grundlegender Beurteilung der Vorgänge in einer Gewitterwolke hängen die Entstehung der Ladungstrennung und damit die Bildung von Raumladungen, primär von der Existenz des unterkühlten Wasserdampfes und den bereitgestellten additiven Energieniveaus ab. Die gleichzeitig wieder freigesetzte, verfügbare Schmelz- und Verdunstungsenergie beim beschriebenen Kristallisationsprozess bilden somit die wesentliche Basis und Voraussetzung für die großvolumige Erzeugung von Elektroenergie in der Wolke.

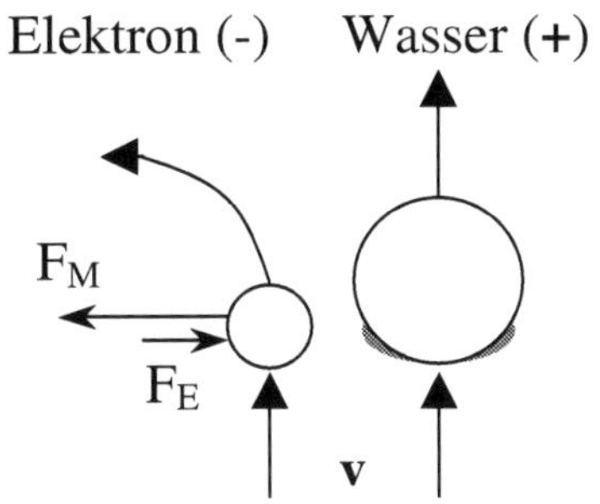

v – Geschwindigkeit der Teilchen
F_M – magnetische Kraft (sich abstoßend)
F_E – elektrostatische Kraft (sich anziehend)
$F_M > F_E$

Bild 8: Das Auseinanderdriften der Teilchen bei hoher Geschwindigkeit

Es ist im Weiteren noch zu klären, wie nach der Ladungstrennung die Elektronen in den unteren Teil einer Gewitterwolke gelangen und die positiven Ladungen in den oberen Regionen sich halten können, das heißt, sich positive und negative Raumladungen nachweislich bilden.

Im unteren Abschnitt der Wolke befinden sich die negativen elektrischen Ladungen, wie Messungen eindeutig belegen. Um dieses Phänomen zu begründen, müssen wir die Besonderheiten der Elektronen hervorkehren. Sie haben eine sehr kleine Masse im Vergleich zu einem Atomkern und erst recht zu einem Molekül. Bei einem angenommenen freien Fall spielt jedoch die Masse eines Körpers keine Rolle. Wesentlich interessanter ist die Betrachtung der Größe eines Elektrons.

Bei all diesen Teilchen, die in der Wolke umherschwirren, ist das Elektron mit Abstand sehr wahrscheinlich das Kleinste. Warum fallen nun die frei beweglichen Elektronen (Leitungselektronen) in den unteren Teil der Wolke? Ich versuche diesen Vorgang mit einem Beispiel zu ergründen: Haben wir ein Gemisch von Körnern unterschiedlicher Größe vorliegen und schütteln dieses Gemisch in einem Behälter ordentlich durch, so werden die großen Körner nach oben befördert und die kleinen finden sich am Boden des Gefäßes ein. Den kleinen Körner gelingt es immer wieder sich bietende Zwischenräume im Gemisch einzunehmen und damit nach unten zu gelangen. Diese Beobachtung kann man sogar am Frühstückstisch feststellen. In einer Müslipackung befinden sich die relativ großen Haselnusskerne meist oben und die feinkörnigen Mehlbestandteile am Boden der Tüte. Gerüttelt wird im übertragenen Sinne, das heißt, Turbulenzen bestehen in einer Gewitterwolke zur Genüge. Gestoppt werden die Elektronen beim Fallen durch die bereits beschriebene elektrische Doppelschicht am unteren Ende der Wolke (vergleiche auch Bild 6 auf Seite 49). Hier kommt es zur Ansammlung negativer elektrischer Ladungen. Es bildet sich eine negative Raumladung im unteren Bereich der Cumulonimbuswolke. Wir müssen jedoch in diesem Zusammenhang noch feststellen, dass die im unteren Teil der Wolke zuerst eintreffenden Elektronen mit der Ansammlung der dort existierenden positiven Ladungen rekombinieren. Die im Fallprozess ankommende negative Raumladung wird dadurch leicht geschwächt oder anders betrachtet, die sich bildende positive Raumladung im oberen Teil der Cumulonimbuswolke erhält demzufolge vergleichsweise eine betragsmäßig leichte Wertbevorteilung.

Im oberen Teil der Wolke sind die meisten Wassermoleküle zu positiv geladenen Eiskristallen geworden. Die flächenmäßige Ausbildung eines Kristalls erschwert maßgeblich das ungehinderte wieder Abgleiten in den unteren Teil der Cumulonimbuswolke. Es ist vergleichbar mit dem Effekt, ein Blatt Papier nach unten schweben zu sehen oder das Blatt zur Kugel zu formen und dann fallen zu lassen. Auch tritt der Zustand einer relativen Ruhe im Wendepunkt ein, wenn ein Körper aufsteigt und anschließend wieder fällt. Dazu wieder ein Beispiel: Wirft man einen Stein senkrecht nach oben, so ist er ebenfalls in Ruhe, bevor er seine Bewegungsrichtung nach unten einnimmt. Es ist damit insgesamt unschwer nachzuempfinden, dass im oberen Teil einer Gewitterwolke die positiven Ladungsträger (meist Eiskristalle) verweilen können und sich durch den entstandenen Ladungsstau eine positive Raumladung bildet. Beim allmählichen Abgleiten dieser positiven Raumladung aus dem oberen Teil der Wolke verstärkt sich die elektrische Feldstärke in der Gewitterwolke, weil der Abstand zwischen den positiven und negativen elektrischen Raumladungen durch diese Abläufe verkürzt wird.

Die sich einstellende Potentialdifferenz zwischen den positiven Ladungen im oberen Teil und dem unteren Teil der Wolke mit negativen Ladungen ist enorm. Es können dabei Spannungen bis ca. 100 MV auftreten. Wesentlich bedeutsamer ist die dabei auftretende elektrische Feldstärke von ungefähr 200 kV/m. Sie liegt jedoch noch innerhalb der Durchschlagsfestigkeit des Mediums Luft unter Laborbedingungen. Dass sich dennoch späterhin ein Blitz bei dieser Feldstärke einstellen kann, liegt im Wesentlichen an der in der Luft existierenden natürlichen Radioaktivität. Hier bestätigt es sich wieder einmal, dass unsagbar viele kleine Teilchen große Auswirkungen mit sich bringen können.

An dieser Stelle darf aber nicht vorenthalten werden, dass die Vorgänge zur Entstehung der elektrischen Spannung in einer Cumulonimbuswolke bei Weitem noch nicht vollends erforscht sind.

Die in der Gewitterzelle gespeicherte elektrische Energie will sich wieder ausgleichen und das geschieht in erster Linie durch Blitz und Donner.

8 Der Blitz und Donner

Es war im Juli 1505. Zur damaligen Zeit wusste man wenig über die Ursachen der Elektrizität. Bei hochsommerlichem Wetter fuhr der Student Martin Luther von den Eltern in Mansfeld nach Erfurt an die Universität. Kurz vor seinem Studienort wurde er von den Naturgewalten eines schweren Gewitters überrascht. Wie er später selbst immer wieder erzählte, schlug unmittelbar neben ihm ein Blitz ein. Noch mit dem Schrecken in seinen Gliedern hat er an Ort und Stelle geschworen, dass er ein Mönch werde. Blitz und Donner waren unter damaliger Vorstellung etwas Überirdisches, das mit Angst oder sogar Todesfurcht einherging. Die große Besorgnis vor einem Gewitter hat sogar bis in die heutige Zeit berechtigten Bestand.

Am 6. Mai 1937 musste der Zeppelin LZ 129 „Hindenburg" unmittelbar nach einem Gewitter in Lakehurst (US-Bundesstaat New Jersey) während der Abendstunden landen. Innerhalb weniger Sekunden fiel der in Flammen stehende LZ 129 zu Boden. 35 Passagiere fanden bei dieser mutmaßlich von Menschenhand ausgelösten Katastrophe den Tod. Die elektrostatischen Entladungen in der Atmosphäre und das veranlasste Ablassen von leicht entzündbaren Wasserstoff haben mit hoher Wahrscheinlichkeit den Brand des Luftschiffes während der Landung damals ausgelöst, denn im Gasbehälter selbst fehlte für die Zündung des Gases der Sauerstoff.

Mit den Erkenntnissen von heute befinden sich sogar bei einer Schönwetterlage und wolkenlosem Himmel in der Atmosphäre unserer Erde frei bewegliche positive und negative elektrische Ladungen. Sie bilden sich in der Luft hauptsächlich durch die immer vorhandene natürliche Radioaktivität. Die radioaktive Strahlung natürlicher Herkunft besteht aus den kosmischen, kosmogenen und terrestrischen Strahlen.

Die in der Troposphäre existierenden negativen Ladungen bestehen vorwiegend aus Elektronen und die positiven Ladungen aus Kationen. Durch die vorhandenen Turbulenzen in der Luft erfolgt gleichzeitig auch eine gerichtete Bewegung dieser Ladungsträger. Es fließt im Sinne unserer Vorstellung demzufolge ein elektrischer Strom. Bei großflächiger Betrachtung kann dieser Strom beachtliche Werte annehmen. Begegnen sich bei dieser Wanderung positive und negative Ladungen und berühren sich, so rekombinieren sie in aller Regel. Da der Stromfluss auf einer gewaltigen Fläche in der Atmosphäre verteilt ist, bleibt die nachweisbare Stromdichte äußerst gering. Als Stromdichte ist der fließende elektrische Strom pro bezogene Fläche definiert.

Bei der Bewertung von technischen Prozessen und erst recht in einer Gewittersituation, erlangt die Stromdichte besondere Bedeutung. In unserem allgemeinen täglichen Umfeld der Elektrotechnik/Elektronik sind Angaben zur Stromdichte selten explizit ausgewiesen. Verbindliche Vorschriften sorgen für eine sichere Funktion von elektrischen Geräten und Anlagen.

Es werden damit kritische Stromdichten von vornherein ausgeschlossen. Die Natur kümmert sich um unsere technischen Vorschriften nicht, so dass wir für eine Analyse der Gewittersituation nicht nur die Stromstärke, sondern auch die Stromdichte wieder besonders hervorkehren müssen.

Während einer Schönwetterlage können in der Troposphäre Ströme im Kilo-Ampere-Bereich fließen. Gewöhnlich sind diese elektrischen Stromstärken für uns Menschen und die Tiere tödlich. Wir gehen aber, so erstaunlich es klingen mag, möglicherweise zu diesem Zeitpunkt in Wald und Flur ganz gemütlich spazieren. Dieser fließende Strom in der uns umgebenden Luft ist weder schädlich noch spürbar, weil die bewegten Ladungsträger großflächig verteilt sind und damit nur eine sehr geringe Stromdichte annehmen. Die elektrischen Ladungen sind ähnlich wie mit einem Salzstreuer sehr sparsam auf der zu betrachteten Ebene verteilt. Lebensnahe Beispiele sollen das verdeutlichen: Auf einer Tischdecke gleichmäßig verteilte Salzkörnchen werden abgeschüttelt und es ist in einer zweiten Situation anzunehmen, dass die identische Menge von Salz durch ein dünnes Röhrchen zu füllen ist. In beiden Fällen bewegt sich die gleiche Anzahl von Körnchen und somit fließt im übertragenen Sinne der gleiche Strom, aber die Stromdichte weicht voneinander erheblich ab. Ein anderer Anwendungsfall belegt dieselben Zusammenhänge zur Demonstration der Stromdichte: Für die Zuleitung einer Halogenlampe in einer Tischleuchte wird ein Kupferkabel eingesetzt. Schaltet man die Leuchte ein, so fließt durch das Kabel und die Lampe der gleiche Strom, jedoch unterscheiden sich die Stromdichte im Kupferdraht und im Glühfaden der Lampe erheblich. Genau diese Zusammenhänge sind bei der Betrachtung eines Blitzes von entscheidender Bedeutung.

Wie bildet sich der Blitz während eines Gewitters? Er kann in seinen Auswirkungen verheerende Folgen mit sich bringen. Zwischen den positiven und negativen Raumladungen in einer Gewitterwolke baut sich ein elektrisches Feld auf, das keineswegs homogen ist. Dafür sorgen schon die beträchtlichen Turbulenzen im Inneren, die auch den Abstand und die Oberflächengestaltung der gebildeten Raumladungen verändern. Elektrostatisch betrachtet liegen hierbei chaotische Verhältnisse vor. Gleichfalls wirken sich die negativen Ladungen im unteren Teil der Cumulonimbuswolke auf den Erdboden aus. Das geschieht insbesondere dann, wenn die positiven Ladungen im oberen Bereich einer Gewitterwolke durch Abwanderung oder durch einen Ladungsausgleich (Blitz zwischen Wolken) den negativen Ladungen nicht mehr im genügenden Maße gegenüberstehen. Dann driften, durch Influenz hervorgerufen, positive Ionen des Erdreiches an die Erdoberfläche. Zwischen Erde und dem unteren Teil der Wolke bildet sich unter den gegebenen Bedingungen ebenfalls ein elektrisches Feld. Auch dieses Feld ist inhomogen und wird wesentlich durch die Landschaftsstruktur mit beeinflusst. Bodenerhebungen, wie Hügel, Bäume, Gebäude, emporragende Metallteile und auch im Freien stehende Menschen nehmen direkt Einfluss auf das existierende elektrische Feld und lassen die Feldstärke gegebenenfalls punktuell stark anwachsen.

Die positiven und negativen Raumladungen in eine Gewitterzelle beziehungsweise zwischen Wolke und Erdoberfläche können sehr vereinfacht dargestellt als zwei Platten eines Kondensators verstanden werden. Dazwischen befindet sich die Luft als nicht besonders gut ausgebildetes Dielektrikum. Diese Vorstellung hilft uns bei den weiteren Betrachtungen in Bezug auf die Entstehung der Blitze.

Durch das Vorhandensein der elektrischen Feldstärke in der Gewitterwolke oder zwischen Wolke und Erde, erfolgt eine Kraftwirkung auf frei bewegliche Ladungsträger in der Luft zwischen den Raumladungen. Je größer die Feldstärke wird, umso intensiver wirken die Kräfte auf diese Ladungen. Da sie beweglich sind, werden die Ladungen beschleunigt. In ungefähr ist das vergleichbar mit dem Gasgeben beim Auto. Mit dem Einsetzen der Beschleunigung nehmen die Ladungen eine immer größere Geschwindigkeit an. Betrachten wir das Feld zwischen Wolke und Erdoberfläche, so bewegen sich die negativen Ladungen der Luft in Richtung Boden und die positiven Ladungen in Richtung der Wolke. Das Gleiche geschieht im sich gebildeten elektrischen Feld der Gewitterwolke. Die negativen Ladungen bewegen sich in die höheren Regionen der Wolke und die positiven driften in den unteren Teil. Es ist dabei zu beachten, dass diese Bewegungen erst einsetzen können, wenn sich genügend starke elektrische Felder und damit Raumladungen bilden konnten. In diesem Zusammenhang darf nicht unberücksichtigt bleiben, dass die Masse eines Elektrons wesentlich geringer ist als die vom Atomkern. Es fällt demzufolge wesentlich leichter, bei angenommener konstanter Krafteinwirkung, ein Elektron auf hohe Geschwindigkeiten zu bringen, als es für Ionen in der Luft möglich ist.

Ein Blitz ist im physikalischen Sinne elektrischer Strom. Stromfluss ist aber nur möglich, wenn genügend frei bewegliche Ladungen verfügbar sind. In einem Kupferdraht ist das kein Problem. Aber die Luft ist eigentlich ein annähernder Nichtleiter. Wie kann unter diesen Bedingungen ein beträchtlicher Strom fließen? Die dazu erforderlichen Ladungsträger müssen erst vom elektrischen Feld verfügbar gemacht werden. Die bereitgestellte Energie im Feld erfordert eine gewisse Größe, um die relativ geringe Anzahl nachgewiesener Ladungen in der Luft so stark zu beschleunigen, dass durch eine Stoßionisation neue generiert werden können. Im Allgemeinen spricht man auch vom Erreichen der kritischen Feldstärke.

Nehmen wir ein frei bewegliches Elektron aus der Luft an. Es wird im vorhandenen Feld so stark beschleunigt, dass seine Energie ausreicht, Elektronen aus neutralen Atomen oder Molekülen „herauszuschlagen“. Diese Formulierung ist physikalisch betrachtet nicht ganz exakt. Es betrifft in erster Linie die Valenzelektronen, welche bei der erfolgten Energiebereitstellung das Orbital verlassen müssen und dadurch die Bindung zum Atomkern verlieren. Diese Leitungselektronen werden wieder stark beschleunigt und treffen auf weitere neutrale Atome usw. Setzen solche Vorgänge ein, so bezeichnet man sie als Lawineneffekt, ähnlich wie möglicherweise bei einem geworfenen Schneeball von einem steilen Skihang. Durch diese Prozesse werden erhebliche Mengen an freien Ladungen erzeugt. Sie erreichen dabei sehr hohe Geschwindigkeiten und werden als Runaway-Elektronen (Ausreißer-Elektronen) bezeichnet. Es entsteht ein sogenannter Kanal, in dem die Luft elektrisch leitend wird. Die durch das elektrische Feld hervorgerufene Bewegungsrichtung der Ladungen erfolgt aber nicht immer geradlinig, das bedeutet, es kann zu Verästelungen kommen. Wie bei einem Geschoss führt es gegebenenfalls beim Aufprall der beschleunigten Elektronen zu Querschlägen. Dies wird noch durch das Antreffen von gesplitterten Raumladungen in der Wolke begünstigt. Mit dieser Beschreibung haben wir aber nur einen Teil der ablaufenden Prozesse erfasst. Neben den freien Elektronen entstehen gleichzeitig auch positive Ionen, die im elektrischen Feld eine Beschleunigung erfahren und im Bewegungsablauf gegenläufig sind. Es generieren demzufolge immer frei bewegliche Ladungsträgerpaare.

Bei der Ausprägung des Leitungskanals in der Luft sind die Vorgänge noch wesentlich komplexer. Da die positiven und negativen Ladungen sich im elektrischen Feld in dieser Situation gegenläufig bewegen, wirken anziehende Kräfte auf die positiven und negativen Ladungen durch die elektrischen und magnetischen Felder (die veränderte Bewegungsrichtung der Ladungen verursacht eine Drehung der Kraft F_m um 180° im Bild 8 auf Seite 61). Diese gleichsinnigen Kräftewirkungen von beiden Feldern herrührend, sind mit eine Ursache für die Ausbildung und Bündelung des leitenden Kanals in der Luft. Man kann diesen Kanal auch als elektrisch leitenden Luftschlauch bezeichnen. Eine Rekombination der Ladungsträger ist in dieser Situation kaum gegeben, da die Leitungselektronen ein hohes Energieniveau aufweisen (Bild 9 auf Seite 71).

Ein weiterer Gesichtspunkt ist die Beweglichkeit der Ladungen im entstandenen Leitungskanal der Luftstrecke. Die Beweglichkeit ist das Verhältnis von der Driftgeschwindigkeit zur elektrischen Feldstärke. Nimmt die Anzahl der Ladungsträger zu, so wird ihre Beweglichkeit eingeschränkt. Ich kann hier einen Vergleich aufgreifen, um die Vorgänge im Kanal zu verdeutlichen: Läuft man auf der Aschenbahn im Stadium allein, so wird die Beweglichkeit bekanntlich nicht behindert. Anders verhält es sich, wenn viele Athleten sich auf der Bahn bewegen wollten. Dann ist ein schnelles Vorwärtskommen kaum noch möglich. Durch den schon beschriebenen, auftretenden Lawineneffekt im Leitungskanal nimmt die Anzahl der Ladungen zu und sie werden dadurch in ihrer Beweglichkeit eingeschränkt, das heißt gebremst. Aus dieser Erkenntnis heraus können sich Staus an Ladungen innerhalb des Leitungskanals bilden. Der Luftschlauch ist nicht konstant mit Ladungen gefüllt, sondern er ist ähnlich einer Perlenkette gestaltet.

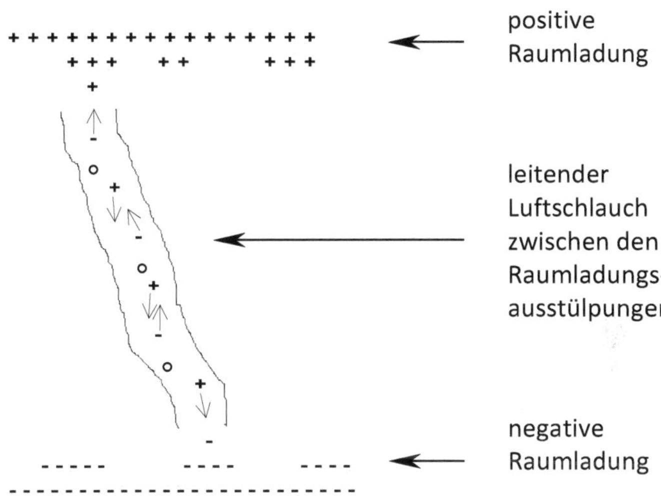

Legende:
- Leitungselektronen
+ Kationen
o neutrale Atome bzw. Moleküle

Bild 9: Elektrisch leitender Luftschlauch zwischen den Raumladungen in einer Gewitterzelle

Vergleichen kann man diese Erscheinung mit der Entstehung eines Staus auf der Autobahn. Auch hier ist die Geschwindigkeitsreduzierung ein Grund für die Staubildung. Besteht am Anfang des Staus die Möglichkeit für eine Beschleunigung der Autos, so kann die vorgesehene Reisegeschwindigkeit wieder aufgenommen werden.

Die beschriebenen Vorgänge im Detail führen letztlich zum Ladungsausgleich durch einen Blitz. Im eigentlichen Sinne ist der Blitz ein pulsierender Gleichstrom, der nicht kontinuierlich zwischen den Raumladungen fließt, sondern er setzt sich aus mehreren ruckartigen Entladungsstufen zusammen. Diese stufenweise Entladung lässt sich durch die Veränderungen der Beweglichkeit der Ladungsträger und die gleichfalls stattfindende teilweise Rekombination von positiven und negativen Ladungen im leitenden Luftschlauch begründen. Die diskontinuierlich fließenden Stromimpulse lösen in ihrer Umgebung elektromagnetische Wellen in einem Spektrum vom niederen Frequenzbereich bis zur Röntgenstrahlung aus. Dies ist auch der Grund, dass wir im Radio (insbesondere bei dem amplitudenmodulierten Langwellen-, Mittelwellen- und Kurzwellenempfang) hörbar einen Blitz durch Störgeräusche registrieren können, obwohl er noch weit von uns entfernt sich möglicherweise zeigt. Der französische Mathematiker Joseph Fourier (1768 – 1830) hat sich mit diesen Spektralfunktionen auseinandergesetzt.

Die erzeugten hochfrequenten Anteile, durch den pulsierenden Blitzstrom verursacht, lassen noch weitere physikalische Gesetzmäßigkeiten in Erscheinung treten. Ähnlich wie in einem elektrischen Kabel (der Anschaulichkeit wegen habe ich diese Analogie zugelassen) bilden sich beim leitenden Luftschlauch differenzielle ohmsche, kapazitive und induktive Anteile. Je nach dem vorliegenden Bedingungsgefüge kann es zwischen den differenziell ausgebildeten Induktivitäten und Kapazitäten zu Resonanzerscheinungen mit erheblichen Spannungsüberhöhungen und stehenden Wellen führen. Diese Phänomene unterstützen entscheidend mit die Ionisation des berührten Luftvolumens zwischen den Raumladungen in der Wolke oder zwischen Wolke und der Erdoberfläche und das Entstehen von Verästelungen beim Blitz.

Zur Unterstützung der Fasslichkeit dieser vielschichtigen Vorgänge bringe ich an dieser Stelle eine hilfreiche Zusammenfassung für die Entstehung eines Blitzes: Die immense Energie, die von der Sonne zur Erde gelangt, vordergründig vom Wasser in Form von Wärme in die Wolken transportiert und dann teilweise durch Ladungstrennung in elektrische Energie gewandelt wird, besitzt das Bestreben, sich wieder auszugleichen. Das geschieht durch den Blitz. Es sind ungeheure Mengen an Ladungsträgern bereit auf die Strecke geschickt zu werden. Als Transportweg steht der ionisierte Luftschlauch zur Verfügung. Die unbändig gespeicherte elektrische Energie formt sich dann vordergründig durch den fließenden Strom in elektromagnetische Wellen um. Dazu gehören das abgestrahlte Licht, die erzeugte Wärme und auch die Röntgenstrahlung. Spannungen von bis zu 1 GV = 1000 MV bewirken Ströme mit einem Scheitelwert von ungefähr 50 kA (als Vergleich sind in Haushalten bei 230 V die Stromkreise in der Regel mit 16 A abgesichert). Es entstehen dabei im Blitzkanal Temperaturen von mehr als 3000 °C. Die hohe Temperatur ist auch darauf zurückzuführen, dass im Leitungskanal mit dem ungefähren Durchmesser von 1 bis 2 cm eine sehr hohe Stromdichte auftritt. Sie erreicht bis ca. 600 A/mm^2 und liegt damit in einer ähnlich vergleichbaren Größe, wie sie im Glühfaden einer Halogenlampe auftritt. In einem Kupferkabel sind beispielsweise nur maximal ca. 10 A/mm^2 zulässig.

Eine erste Bewertung der genannten elektrischen Größen bei einem Gewitter lässt die Schlussfolgerung zu, dass sie für die Menschen unbeherrschbar sind. Der gefahrvolle Blitz von der Wolke zur Erde bringt uns in Bedrängnis. Ein Blitzschutz ist technisch nur deshalb realisierbar, weil die Zeitdauer des Stromflusses nur wenige Mirko- bis Millisekunden beträgt und wir erinnern uns, dass Energie sich nicht sprunghaft verändern lässt.

Vorwiegend bilden sich Blitze in der Gewitterwolke oder zwischen den Wolken der einzelnen Gewitterzellen, weil dort die elektrische Feldstärke durch ständige Ladungstrennung rasant ansteigen kann. Die Blitze aus der Wolke zur Erde sind zum Glück wesentlich seltener. Ungefähr nur ¼ der insgesamt auftretenden Blitze während eines Gewitters findet diesen Weg. Das hat etwas mit der schon geschilderten Abwanderung der positiven Ladungen im oberen Bereich der Wolke zu tun. Nur dann bildet sich ein genügend starkes elektrisches Feld zwischen dem unteren Teil der Wolke und Erde.

Der Blitzschlag wird von einem Leitblitz meist eingeleitet. Durch diesen erfolgt die Stabilisierung des Luftleitkanals. Danach schließen sich mehrere Hauptblitze in kurzer zeitlicher Folge an, die von den Raumladungen gespeist werden. Die hintereinander auftretenden Blitze können auch zu dem berüchtigten sichtbaren Flackern führen, hat aber keinen Zusammenhang zu dem schon beschriebenen ruckartigen Verlauf des Blitzes im ionisierten Luftschlauch. Es kann auch sein, dass nach mehreren Sekunden der gleiche Leitungskanal nochmals von Hauptblitzen genutzt wird. Das geschieht meist nur dann, wenn die Luftbewegungen im betreffenden Bereich gering sind und den elektrisch leitenden Luftschlauch nicht zerstören.

Bei einem Wolke-Erde-Blitz sind vielmals Verästelungen zu sehen, die nicht bis zur Erde reichen. Hierbei führen die Stromverzweigungen sowie die teilweise Rekombination schon in der Luft zu einer Verringerung der Stromdichte sowie zum Absinken der elektrischen Feldstärke und der Leitungskanaltemperatur.

Der Hauptblitz von der Wolke zur Erde trifft in der Regel punktförmig mit dem Erdpotential zusammen. Vielmals bieten sich dafür spitze, nach oben gerichtete Gegenstände, wie zum Beispiel Bäume, Felsstrukturen im Gebirge, Stahlmasten, Gebäudeteile oder Blitzableiter an. Die vorliegende punktförmige Ausbildung der Eintrittsstelle des Blitzes verstärkt im unmittelbaren Umfeld erheblich die Stromdicht. Das ist deshalb der Fall, weil die leitende Luftstrecke hier zwangläufig eine Einschnürung erfährt. Noch bevor der Hauptblitz auf das Erdpotential trifft, wird auf Grund der hohen Temperaturen der Stromfluss vom Leitblitz bereits an dieser Stelle sichtbar, obwohl die Ladungsbewegung des Hauptblitzes noch gar nicht in diesem Bereich angelangt ist. Es entsteht hierbei der Eindruck, dass diese Teilstrecke des Stromflusses optisch betrachtet dem Hauptblitz entgegenkommt (in Zeitlupe gesehen).

Es gibt aber noch einen weiteren Betrachtungsansatz für das Reflektieren von Ladungsträgern an der Einschlagstelle des Blitzes. Trifft der Blitz direkt auf das Erdpotential, wie es zum Beispiel beim Zusammentreffen mit einem gut geerdeten Stahlmast der Fall sein kann, so spricht man näherungsweise von einem Kurzschluss im wahrsten Sinne des Wortes. Das führt im angenommenen Fall zu einer sogenannten Fehlanpassung und zur Reflexion einer Stromwelle. Da es zu einer Überlagerung des ankommenden Blitzstromes mit dem teils reflektierten Strom kommt, wächst die Stromdichte im Einschlagsbereich in dieser Situation erheblich an. (Mit solchen Reflektionen von Strom- und Spannungswellen durch Fehlanpassungen werden wir auch bei Hochfrequenzleitungen konfrontiert).

Im Ausnahmefall kann auch ein Blitz zwischen Erde und Wolke entstehen. Die Bewegungsrichtung der Ladungsträger dreht sich demnach um 180°. Es stehen sich die positive Raumladung der Wolke und die durch Influenz gebildeten negativen Ladungen an der Erdoberfläche gegenüber. Meist treten diese Blitze von hoch gelegenen Metallkonstruktionen (Sendemast) aus. Die erforderliche Austrittsarbeit der Elektronen an der Metallspitze bringt primär die vorhandene elektrische Feldstärke auf. Man spricht hierbei von sogenannten positiven Blitzen. Grundlage für diese Begriffswahl bildet die festgelegte technische Stromrichtung in der Elektrotechnik. In diesen Fällen findet ein Ladungsausgleich zwischen der positiven Raumladung in einer Gewitterwolke und dem negativen Erdpotential statt. Meist führt vorher eine erhebliche Abschwächung der negativen Raumladung in der Wolke zu dieser Situation. Etwas salopp formuliert dreht sich bei den positiven Blitzen alles auf den Kopf. Es schwemmen Leitungselektronen vom Erdpotential zur positiven Raumladung der Wolke beziehungsweise sie rekombinieren mit vorhandenen Kationen im gebildeten Luftschlauch. Die Bewegungsabläufe der Ladungen sind genau umgekehrt gegenüber den bereits gekennzeichneten Effekten. Bedingt durch die in dieser Situation wesentlich größere gespeicherte Energie im Feld zwischen den Raumladungen können die positiven Blitze zu höheren Strömen führen und weite Strecken zurücklegen. Die zerstörende Kraft ist dadurch in der Regel höher als bei den Negativblitzen.

Die bedrohlichen Empfindungen der Menschen bezüglich der Blitze gehen in erster Linie von dem abgestrahlten Licht und dem zu hörenden Donner aus. Diese spürbaren Gewalten sind umso größer, je näher der Blitz beim Betrachter einschlägt.

Warum können wir eigentlich den Blitz sehen? Bei physikalischer Betrachtungsweise bewirkt die freigesetzte Energie durch den Stromfluss, dass die Elektronen der Atome beziehungsweise Molekühle der Luft diese Energie zum Teil aufnehmen und zwangsläufig die jeweiligen Orbitale verlassen müssen. Es entsteht teilweise ein Plasma. Wollen diese „heißen“ Elektronen zur Atomkernbindung zurückkehren, so muss die überschüssige Energie von ihnen zuvor wieder abgegeben werden. Das geschieht durch das Abstrahlen von Lichtblitzen, den sogenannten Lichtquanten. Diese elektromagnetischen Wellen sind beispielsweise, je nach der vorliegenden Energiedifferenz, im Frequenzbereich des infraroten Spektrums bis zur Röntgenstrahlung. Die Ausbreitung der Wellen erfolgt mit annähernder Lichtgeschwindigkeit. Die Intensität der Energiewandlung beim Blitzschlag äußert sich damit auch durch die feststellbare Farbgebung des Blitzes. Dabei spielen die vorliegenden Druckverhältnisse in der unmittelbaren Umgebung des Blitzes mit eine Rolle. Auch hierbei ist die innige Verbindung der im Umfeld des Blitzes vorhandenen Stoffe im Rahmen des Energieausgleiches erforderlich. Die Herstellung solch einer Kontaktierung ist jedoch bei den bestehenden hohen Temperaturen kein Problem.

Die im Blitz entstandenen extremen Temperaturen lassen die Luftmoleküle in unmittelbarer Umgebung stark expandieren und vorhandenen Wassertropfen verdampfen. Das Volumen der Luft steigt in diesem Bereich explosionsartig an. Es entsteht eine Druckwelle, die wir als Donner hören. Die Ausbreitungsgeschwindigkeit des Schalls liegt in Relation zur Lichtgeschwindigkeit aber nur bei geringen ca. 340 m/s. Diese unterschiedlichen Geschwindigkeiten führen dazu, dass wir den Blitz sofort sehen. Der Donner hingegen braucht seine Zeit, bis er an unser Ohr gelangen kann. Diese Zeitdifferenz machen wir uns zu Eigen, um die Entfernung zum Blitz abschätzen zu können.

Ist der Blitz gegebenenfalls in seiner Längenausdehnung beachtlich, so lässt sich auch das Donnergrollen erklären, da der Blitz selbst in seiner Fortbewegung annähernde Lichtgeschwindigkeit erreicht. Hier macht sich zum Beobachter die Entfernungsdifferenz zwischen Anfang und Ende des Blitzes akustisch bemerkbar. Es ist deshalb möglich, dass wir die Schallwellen im erdnahen Bereich des Blitzes eher zur Kenntnis nehmen als jene, die im Bereich der Wolke vom Blitz ausgelöst worden sind. Noch offensichtlicher ist die Wahrnehmung des Donnergrollens, wenn sich ein langer Blitz von Wolke zu Wolke bilden konnte. Die Zeitdauer beim Empfang der Druckwellen kann hierbei unter Umständen viele Sekunden betragen.

Auch sind Unterschiede in der Wahrnehmung der Tonfrequenz des Donners festzustellen, ob ein Blitz sich vom Beobachter wegbewegt oder auf ihn zukommt. Es kommen diesbezüglich die gleichen Effekte zum Tragen, wie bei der Begegnung mit einem Auto, das mit Martinshorn unterwegs ist. Die Tonlage verändert sich, wenn es am Beobachter vorbeifährt. Bewegt sich der Blitz über uns in Schleifenform, so schwebt der Donner regelrecht in der Luft. Die Überlagerung der Schallwellen kommt dabei ebenfalls zur Geltung.

Mit hinreichender Genauigkeit können wir davon ausgehen, dass der Donner in etwa 3 Sekunden einen Kilometer zurücklegt. Geht der Blitz in mehr als 10 km vom Betrachter nieder, dann ist er in der Regel nachts noch visuell wahrnehmbar, aber der Donner ist nicht mehr zu hören, weil die Druckwelle in der zurückgelegten Entfernung durch die Luftmoleküle stark gedämpft wurde. Diese Erscheinung bezeichnen wir als Wetterleuchten. Ist hingegen zwischen Lichtwahrnehmung und Donner keine Zeitdifferenz mehr feststellbar, besteht Gefahr in Verzug. Der Blitz schlug in unmittelbarer Nähe ein.

Eine Ausnahme bei den Blitzformen nehmen die Kugelblitze ein. Ihre Existenz wird heute nicht mehr in Frage gestellt. Die Ursachen für die Entstehung solche Blitze konnten jedoch bisher noch nicht hinreichend geklärt werden. Das liegt möglicherweise am Seltenheitswert für diese Erscheinungsform. Der Kugelblitz besteht wahrscheinlich aus Plasma. Seine Kugelform bildet eine geringe Angriffsfläche zur Umwelt und damit zum Energieaustausch. Das erklärt die für einen gewissen Zeitrahmen bestehende Lebensdauer solcher Blitze. Ähnliche Erscheinungsformen zeigen sich bei einem Wassertropfen, der auf einer heißen Herdplatte über eine längere Phase dort hüpfend verweilen kann, da auch hier nur ein punktueller Energieaustausch zur Umgebung stattfindet. Glaubt man den vorliegenden Erfahrungsberichten, so geht vom Kugelblitz kaum eine Gefahr aus.

Da ist die bestehende Situation bei den übrigen bisher geschilderten Blitzarten schon anders. Hier sollten Verhaltensregeln beachtet und technische Schutzmaßnahmen vorgenommen werden, um die Gefahren bei einem Gewitter abzuschwächen. Diesen Problemkreis greifen wir im Punkt 10 auf.

Eine Sonderstellung nehmen die Blitze in einer Aschewolke während eines Vulkanausbruches ein. Das durch die Blitze ausgehende Gefahrenpotential während einer solchen Eruption spielt jedoch in Relation zu den anderen auftretenden Naturgewalten eine untergeordnete Rolle. Trotzdem möchte ich im folgenden Abschnitt das Bedingungsgefüge für diese Blitze analysieren.

9 Die Blitze bei einem Vulkanausbruch

Im Jahr 79 geschah schreckliches. Fruchtbares Land ward mit einem Schlag verwüstet. Menschen, die nicht schon vorher die Flucht ergriffen, hatten keine Chance dem Inferno zu entkommen. Der Vesuv stieß in einer gewaltigen Wolke Gesteinsbrocken, Asche und giftige Gase kilometerweit in den Himmel. Lava floss über die Abhänge des Berges. Innerhalb kurzer Zeit versanken die Städte Pompeji, Herkulaneum und Stabiae unter einer viele Meter dicken Gesteinsschicht. Alles bis dahin an den Orten Existierende wurde für die Ewigkeit konserviert. Ausgrabungen, die bis heute noch andauern, ließen die Kultur aus damaliger Zeit für uns wieder entstehen, teilweise sogar im Detail. Selbst Räuber mit entsprechenden Werkzeugen konnten noch gefunden werden, die in bereits verlassene Häuser eingebrochen waren. Sie hatten vom Vulkan aber nicht mehr die Zeit bekommen, um das Diebesgut wegzuschaffen.

Bestimmt hat kein Bewohner der untergegangenen Städte während der damaligen Katastrophe darauf geachtet, ob in der Wolke während des Vulkanausbruches sich auch Blitze zeigten. Aus sicherer Entfernung betrachtet ist es schon interessant solch ein Naturschauspiel zu analysieren. Welche Vorgänge laufen in der Aschewolke bei einem Vulkanausbruch ab? Unter Asche versteht man in diesem Sinne kleinste Lavabruchstücke.

Eigentlich zeigen sich die Naturgesetze immer wieder in gleicher Fassung. Auch in einer Aschewolke bestehen mächtige Turbulenzen, wo Teilchen aus teils unterschiedlichen Stoffen kontaktieren und elektrische Doppelschichten sich bilden. In hoher Geschwindigkeit driften dann die geladenen Partikel wieder auseinander. Bedingt durch die wesentlich höhere Energiebereitstellung, gespendet von der Hitze des Vulkans, sind die ausgebildeten Raumladungen nicht annähert so geordnet strukturiert, wie das in einer Cumulonimbuswolke der Fall sein kann. Deshalb sind auch die Blitze in ihrer Richtung sehr chaotisch strukturiert. Die Aschewolke ist praktisch undurchsichtig, so dass Blitze nur an der zugewanden Seite und an der Oberfläche für den Betrachter erkennbar sind.

Was sind die wesentlichen Bestandteile der Aschewolke während eines Vulkanausbruches? Wasserdampf kann sich zwar in der Aschewolke befinden, er ist aber nicht zwingend notwendig dafür, um Energie für die elektrische Ladungstrennung bereitzustellen. Die Hitze der Lava ist in unmittelbarer Nähe. Wir müssen eigentlich nur die Eiskristalle, die in einer normalen Gewitterzelle sich befinden, durch die Ascheteilchen ersetzen. Diese kleinen Lavabruchstückchen bieten in der Summe eine gewaltige Oberfläche, um mit den Gasen der Wolke zu kontaktieren und elektrische Doppelschichten zu bilden. Hierbei sind insbesondere die toxischen Gase Schwefeldioxid, Kohlenstoffdioxid und Chlor zu nennen. Die Strömungsgeschwindigkeit und –richtung der Teilchen ist aber in den einzelnen räumlich betrachteten Abschnitten der Wolke sehr unterschiedlich, so dass die Auftrennung der Doppelschichten sich sehr spontan vollziehen kann und auch die Herausbildung der Raumladungen formt sich wesentlich chaotischer als in einer Cumulonimbuswolke. Die Gestaltung der leitenden Strecke im Gasgemisch erfolgt in den Ansätzen bereits zu Beginn des Auswurfes am Krater, ähnlich wie bei einer Sprühdüse. Der Lawineneffekt setzt auch bei diesen chaotischen Bedingungen ein. Vom Begriff Luft müssen wir uns in einer Aschewolke selbstverständlich trennen.

Der Blitz muss sich bei der Nutzung der leitenden Gasstrecke beeilen, denn im nächsten Moment haben die existierenden, starken Turbulenzen diese elektrische Leitung bereits wieder gekappt. Es lässt sich auch schwer ein oben und unten in der Wolke definieren, das heißt, die Blitze verlaufen in allen Richtungen. Blitze können auch die Aschewolke verlassen und nehmen dann ihren Verlauf in der sich angrenzenden Luft.

Den Ausbruch des Vulkans Eyjafjallajökull auf Island konnten wir mit den Konsequenzen für den Flugverkehr sogar im Jahr 2010 in Deutschland spüren. Direkt betroffen oder in den Nachrichten darüber informiert, war sozusagen jeder Mensch in unserem Land. Bei diesem Vulkanausbruch musste sich die Aschewolke erst einen Weg durch das Gletschereis bahnen. Im erhöhten Maße befand sich demzufolge auch Wasserdampf im Gasgemisch. Blitz und Donner bildeten sich in beeindruckender Form. Das von den Blitzen ausgehende explizite Gefahrenpotential für Mensch und Tier spielte dabei verständlicherweise keine Rolle. Die Aschewolke selbst stellte die gewaltigen Kräfte der Natur im aufgezeigten Umfeld bereit.

Die Aneinanderreihung von Zufällen in Verbindung mit einem Vulkanausbruch und damit das Vorhandensein der Lava, der Aschewolke, von Wasser, Blitz und Donner lässt vermuten, dass sich in chemischen Reaktionen Kohlenstoff-Wasserstoff-Verbindungen bilden konnten. Die Entsehung von Leben auf unserer Erde war damit vermutlich vor rund vier Milliarden Jahren unter diesen Voraussetzungen gegeben. Diese Darstellung vom Entstehen des Lebens ist jedoch nur eine Hypothese. Gleichberechtigt besteht die Annahme, dass Leben extraterrestrisch entstanden sein kann. Apropos „Zufall“: Meines Erachtens stellt der Zufall, darin sind gegebenenfalls das persönliche Glück oder Pech mit eingebettet, ein Phänomen menschlicher Betrachtungsweise dar, das bedeutet, man kann sich die kausalen Zusammenhänge dieser Ereignisse nicht umfassend erklären. Die Abläufe in der Natur kennen aber nur gesetzeskonforme Prozesse, egal ob der Mensch sie versteht oder nicht.

10 Die Gefahren für Natur und Technik

Die im Gedicht „Das Gewitter“ von Gustav Benjamin Schwab geschilderten Folgen eines Blitzschlages sind es wert zu hinterfragen. Der Dichter formuliert prägend die Tragik aus dem aufziehenden Gewitter für diese Familie. Dass Urahne, Großmutter, Mutter und Kind „Vom Strahl“ im Wohnzimmer getroffen worden sind, lässt vermutlich wesentliche Bedingungen für die Herbeiführung des Unglücks unberücksichtigt. Beachtet man nur die Aussagen, die im Gedicht mitgeteilt werden, so ist unter unseren heutigen Vorstellungen von einer Stube der geschilderte Verlauf des Blitzes sehr unwahrscheinlich. Das war bestimmt auch nicht das erklärte Ziel des Dichters, diese Zusammenhänge bei der Ausbildung eines Blitzes zu enträtseln. Wir werden uns jedoch verstärkt den naturwissenschaftlichen Erklärungen zuwenden, um uns vor Blitzen verlässlich zu schützen.

Für uns Menschen wird in erster Linie der Blitz von der Wolke zur Erde gefährlich. Der eingeschlagene Weg des Blitzes hängt von vielen Faktoren, wie die herrschende elektrische Feldstärke, die Anzahl der vorhandenen freibeweglichen Ladungsträger und die elektromagnetische Strahlung ab. Es spielt aber auch immer der Zufall mit eine Rolle. Beim Blitzschlag sind besonders der starke elektrische Strom beziehungsweise die Stromdichte, die sehr hohen Temperaturen, die entstandene Druckwelle und die beträchtlichen elektrischen und magnetischen Felder bedrohlich.

Trifft ein Blitz auf den Erdboden, so werden dort meist die Mineralien zum Schmelzen gebracht. Es kommt an dieser Einschlagsstelle zu einer Überflutung an Ladungen. Vergleichbar ist diese Situation mit dem Auftreffen eines starken Wasserstrahles in ein mit Sand gefülltes Gefäß. Der Sand kann auch nicht so schnell die großen Wassermengen aufnehmen. Im Erdreich breitet sich der Strom annähernd halbkugelförmig aus und ist nicht mit dem kontinuierlich fließenden Strom in Kabeln und Leitungen vergleichbar. Die Ladungen aus dem Blitz rekombinieren mit den im Boden vorhandenen Ionen, den sogenannten Fangladungen. Fassen wir die Teilstücke der stromdurchflossenen Erde als Widerstand auf, stellen sich in diesen Strecken erhebliche elektrische Spannungen ein. Spannungen misst man bekanntlich immer zwischen zwei Punkten. Besonders lebensgefährlich für Mensch und Tier ist die sogenannte Schrittspannung. Der zwischen den beiden Erdberührungspunkten auftretende elektrische Widerstand wird vom Teilstrom des Blitzes durchflossen. Daraus resultiert, dass bei größerem Abstand und Teilstrom die sich ergebende Spannung erhöht. Die dabei auftretende Schrittspannung kann Werte annehmen, die unmittelbar beim Betroffenen zum Tode führen können. Der durch die Spannung u_s verursachte Körperstrom (Parallelschaltung) überschreitet meist die Größe von 50 mA. Ab dieser Stromstärke besteht für die Menschen Lebensgefahr (Bild 10).

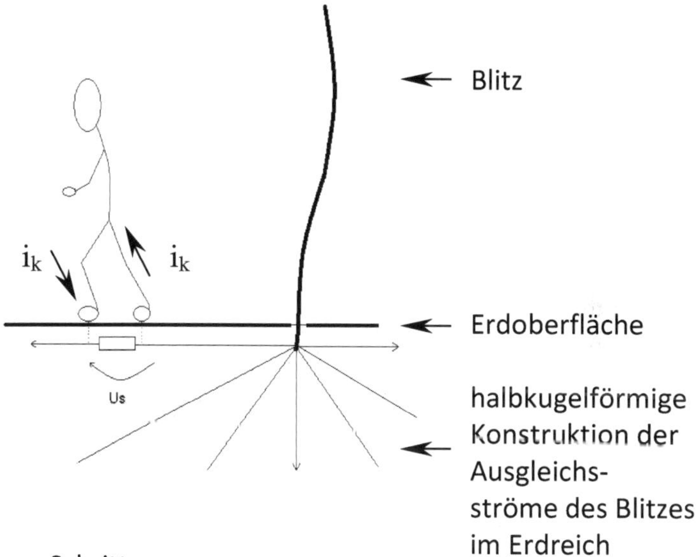

u_s – Schrittspannung
i_k – Körperstrom

Bild 10: Darstellung der gefährlichen Schrittspannung

Pferde und Kühe sind in dieser Hinsicht besonders gefährdet, weil zwischen den Vorder- und Hinterbeinen ein relativ großer Abstand besteht und diese Tiere sehr sensibel auf elektrischen Strom reagieren.

In diesem Zusammenhang wird immer wieder die Frage gestellt: Warum geschieht den Vögeln nichts, wenn sie mit ihren Füßchen das Seil einer Hochspannungsfreileitung umklammern? Der elektrische Widerstand des Drahtes (meist aus Aluminium) ist in der Distanz der Beine fast Null, so dass eine spürbare Spannung in diesem Abschnitt nicht auftritt (in Anlehnung an das Ohmsche Gesetz). Durch den fließenden Strom in der Leitung kann aber der Draht sich leicht erwärmen. Das wird von den Vögeln besonders in der kalten Jahreszeit oftmals als willkommene „Fußheizung“ angenommen. Die Schlussfolgerung daraus: Das Potential von angenommen 3 kV schadet kaum, hingegen die Spannung (Potentialdifferenz) mit gleichem Wert ist lebensbedrohlich.

Eine Videoaufzeichnung hat den Blitzeinschlag in die Eckfahne während eines Fußballspieles festgehalten. Zum Zeitpunkt des Blitzschlages befanden sich einige Spieler in unmittelbarer Nähe der Fahne. Glücklicherweise traf der Blitz keinen der Spieler direkt. Trotzdem wurden etliche wie von Geisterhand abrupt zu Boden geworfen. Andere liefen vom Naturereignis unbeeindruckt auf dem Spielfeld weiter, obwohl zwei davon sogar näher an der Fahne sich befanden. Wie kann das sein? Eine unterschiedliche Stromausbreitung im Rasen des Fußballfeldes kann aufgrund der annähernd gleichen Bodenstruktur weitgehend ausgeschlossen werden. Da bleiben als Einflussgrößen für die Schrittspannung im Wesentlichen die Distanz des Spielers von der Blitzeinschlagstelle und der Abstand der Berührungspunkte seines Körpers mit dem Rasen. Je kleiner die Distanz und größer der Abstand, desto höher ist die Spannung. Bei detaillierter Betrachtung der Bewegungsabläufe von den einzelnen Spielern konnte ich feststellen, dass diejenigen weiterliefen, die zum Zeitpunkt des Einschlages über die Dauer der wenigen Millisekunden nur einen Fuß am Boden hatten. Die gefährliche Schrittspannung bildete sich nicht aus. Hingegen befanden sich die betroffenen Spieler zum entscheidenden Zeitpunkt mit beiden Füßen im Abstand von ca. 50 cm am Boden. Das Unglück war damit besiegelt. Verallgemeinern wir diese Gefahrensituation, so lässt sich das Fußballfeld als ein ebener Platz verstehen. Unter dem Gesichtswinkel des Gewitters laufen bei einem Fußballspiel auf dem Rasen 23 kleine Blitzableiter chaotisch umher. Die Eckfahnen und Torbefestigungen müssen selbstverständlich mit Beachtung finden. Als Schlussfolgerung daraus ist abzuleiten, dass bei einem aufziehenden Gewitter das Spiel aus Sicherheitsgründen vom Schiedsrichter zu unterbrechen ist. Auch andere Spielplätze, wie zum Beispiel für Golf oder Tennis, müssen mit in das Gefahrenpotential einbezogen werden.

Treffen die Ausgleichsströme des Blitzes mit seinen energiereichen Ladungen im Boden auf Erdungssysteme technischer Anlagen, dann kann im Ausnahmefall sich das mögliche elektrische Potential auf das Schutzsystem übertragen. Eine Gefahrenabwendung für Mensch und Technik ist hierbei nur über stabile Erdungssysteme erreichbar.

Chemische Prozesse laufen im Grunde über Energieausgleichsvorgänge zwischen den Valenzelektronen der infrage kommenden Atome ab. Die „heißen" Leitungselektronen im Blitz haben demzufolge auch direkten Kontakt zu den äußeren Elektronen der benachbarten Atome oder Moleküle. Somit kann diese Konstellation chemische Reaktionen auslösen. Durch die Blitzeinwirkung innerhalb des leitenden Luftschlauches bildet sich zum Beispiel aus dem Sauerstoff der Luft (O_2) giftiges Ozon (O_3). Das Ozon ist sehr reaktionsfreudig und unterstützt die Entzündung brennbaren Materials schon sehr früh. Trifft im weiteren Verlauf der Blitz auf die Erdoberfläche, finden auch hier chemische Reaktionen statt. Die hohe Temperatur des Lichtbogens bringt das Erdreich sogar zum

Schmelzen. Hier lassen sich Parallelen während des Elektroschweißens feststellen.

Schlägt der Blitz in brennbare Substanzen, beispielsweise in Bäume oder Gebäude, dann kann die starke Hitze einen Brand auslösen. Das vom Blitz gebildete Ozon vermag den Vorgang sogar noch beschleunigen. Da Bäume einen relativ hohen Wassergehalt besitzen, kommt es beim Blitzeinschlag auch zum Ausbilden von Wasserdampf. Das ist mit einer starken Volumenvergrößerung verbunden und der Stamm zerbarst oder es wird die Rinde abgetrennt.

Befinden sich Menschen in unmittelbarer Nähe des Blitzeinschlages, so kann die sekundär auftretende Druckwelle zur Folge haben, dass die Betroffenen durch die Luft geschleudert werden. Auch hierbei ist die Verletzungsgefahr sehr groß.

Der hohe Stromfluss beim Blitzschlag bildet um den Blitz ringförmig ein starkes Magnetfeld. Innerhalb von Bruchteilen einer Millionstel Sekunde baut es sich auf und bricht wieder zusammen, das heißt, in unmittelbarer Umgebung wird in elektrisch leitendem Material (insbesondere Metalle) unter Umständen eine beachtliche Spannung induziert. Das funktioniert ähnlich wie in einem Transformator, nur nicht so geordnet (induktive Kopplung).

Primär ist für das Zustandekommen eines Blitzes das errichtete elektrische Feld zwischen den Raumladungen maßgeblich, das bedeutet, im betreffenden Gefahrenbereich das Feld zwischen Gewitterwolke und Erde. Bei der Annahme, dass die Raumladungen in einem engen zeitlichen Rahmen konstant bleiben, wirken sich Veränderungen im Abstand der positiven und negativen Raumladungen auf die herrschende Feldstärke unter Umständen gravierend aus. Eine Ausstülpung der Wolke nach unten oder das durch die Bewegung der Wolke heranziehende senkrecht nach oben ragende elektrisch mehr oder weniger gut leitende Objekt am Boden können die Feldstärke beachtlich erhöhen. Durch Influenzerscheinungen kann sich das Erdpotential bis zur Spitze des Gegenstandes ausbreiten. Wird annähernd die kritische Feldstärke der Luft erreicht, kommt es zum Ladungsausgleich zwischen den Raumladungen durch den Blitz. Nach oben gerichtete spitze Gegenstände sind besonders anfällig, weil dadurch die Feldstärke sich an diesen Flächen nochmals erhöht.

Als Begleiterscheinung beim Gewitter spielen im Weiteren noch der möglicherweise auftretende starke Sturm oder die heftigen Niederschläge, die als wolkenbruchartiger Regen oder sogar als Hagel fallen können, einen zu beachtenden Aspekt. Überschwemmungen, entwurzelte Bäume, zerrissene Hochspannungsleitungen, beschädigte Gebäude oder eine vom Hagel zerschlagene Pflanzenwelt können die Folge sein.

Die hoch aufsteigende Gewitterwolke besitzt in ihrem Zentrum eine Art Schlot mit immensem Auftrieb. Hauptsächlich werden diese Aufwinde durch die wieder abgegebene Kondensationswärme der Wassertöpfchen unterstützt. Erst bei fehlendem Wasserdampf kommt der Prozess zum Erliegen. Dann flacht die Cumulonimbuswolke im oberen Bereich zu der bekannten Ambossform ab. Beim Weg der Wassertöpfchen nach oben verbinden sie sich mit anderen und werden immer größer. Im oberen Bereich der Wolke gefrieren sie. Sind die Tropfen zu schwer geworden, fallen sie wieder nach unten. Im unteren Bereich der Wolke werden sie von den starken Aufwinden meist wieder mit nach oben gerissen. Die dabei entstehenden großen Eiskristalle bezeichnen wir als

Hagel, die kleineren als Graupel. Können die Kristalle nicht mehr von der Wolke gehalten werden, so fallen sie zur Erde. Reicht die Umgebungstemperatur aus, um die Eiskristalle zum Schmelzen zu bringen, so bilden sich meist große Regentropfen, die am Erdboden zu mächtigen Niederschlagsmengen und damit zu Überschwemmungen führen können.

Die im Zentrum der Gewitterzelle gebildeten Aufwinde sind nur Teil des Kreislaufes der auftretenden Luftbewegungen. Wo etwas nach oben gelangt, muss es auch wieder nach unten führen. Wäre das nicht der Fall, müsste sich im Extremfall ein Vakuum bilden. Dieser Fall tritt zwar nicht ein, aber Luftdruckgegensätze mit den entsprechenden Auswirkungen bilden sich. Die in den oberen Teil der Wolke angelangte Luft hat sich stark abgekühlt und besitzt demnach eine höhere Dichte. Das hat zur Folge, dass diese Luft wieder nach unten fallen kann. Die sogenannten Abwinde gleiten im äußeren Bereich der Gewitterzelle teilweise bis in Bodennähe und verursachen dort starken Wind oder sogar Sturm. Meist sind sie auch unmittelbare Vorboten des Gewitters.

Wie kann sich der Mensch vor diesen Naturgewalten schützen?

11 Mögliche Schutzmaßnahmen vor den Folgen des Blitzschlages

Wetterbeobachtungen lassen vielmals schon das Nahen eines Gewitters erkennen. Befindet man sich in solch einer Situation, dann sollte möglichst rechtzeitig eine geschützte Unterkunft aufgesucht werden. Befinden wir uns jedoch in der freien Natur sind einige Dinge unbedingt zu beachten.

Auf keinen Fall ist es anzuraten, sich unter einzeln stehende Bäume oder Sträucher zu begeben, nur um zwischenzeitlich vor dem Nasswerden geschützt zu sein. Die Bäume erhöhen die elektrische Feldstärke und „ziehen" den Blitz möglicherweise regelrecht an. Dem Blitz ist es anscheinend gleich, ob es sich dabei um eine Eiche, Buche oder Fichte handelt. Von Bergen und Hügeln sollte man sich ebenfalls schnell entfernen.

Ein aufgespannter Regenschirm kann als Blitzableiter verstanden werden, nur ist der Träger des Schirmes direkt in die leitende Strecke zur Erde ungewollt mit einbezogen. Auch metallische Gegenstände am Körper stellen eine Gefahr dar, da vom Blitz induzierte Wirbelströme das Metall stark erhitzen können.

Wird es ernst mit dem Gewitter und befindet man sich im offenen Gelände, ist das Aufsuchen einer Erdsenke zu empfehlen. Sollte zwischen Blitz und Donner nur eine Zeitdifferenz von bis zu 3 s eingetreten sein, befindet sich das Gewitter direkt über der betroffenen Person. In dieser Situation bietet nur noch das Hinhocken bei geschlossen, nebeneinander befindlichen Füßen, dabei die Arme um die Beine legen und den Kopf einziehen, einen möglichen Schutz. Schlägt nun der Blitz in unmittelbarer Nähe ein, bietet der Mensch mit diesem Verhalten nicht die Möglichkeit für das Ausbilden der Schrittspannung und auch eine geringe Angriffsfläche für die Druckwelle. Man legt sich bei einem Gewitter niemals flach auf den Boden, da der Berührungsabstand zur Erde durch die Länge des eigenen Körpers vergrößert wird und dadurch die mögliche „Schrittspannung" sich lebensbedrohlich erhöhen kann.

Befinden wir uns mitten im Wald und haben die Bäume annähernd gleiche Wipfelhöhen, so ist man auch hier relativ sicher. Bei großzügiger Betrachtung kann der Wald als Faradayscher Käfig angesehen werden. Vom Stamm eines Baumes sollte aber mindestens ein Abstand von fünf Schritten eingehalten werden. Die Rast am Waldrand ist jedoch nicht zu empfehlen. Der Aufenthalt bei Gewitter im Wald birgt jedoch noch weitere Gefahren, denn meist treten in Zusammenhang mit Blitz und Donner auch Sturmböen auf, die dann durch herabfallende Äste oder umstürzende Bäume zur Gefahr werden können.

Vielleicht befindet sich mit etwas Glück in der Nähe des Aufenthaltsortes eine Schutzhütte oder eine Höhle, die man aufsuchen kann. Meist ist die heikle Gewittergefahr nach ca. 30 min. vorüber.

Sollte das Auto in erreichbarer Nähe abgestellt worden sein, muss man unbedingt versuchen es noch vor dem Gewitter zu erreichen. Wir nehmen dann im Auto Platz und schließen die Türen und Fenster. Die Unterkunft im Auto ist ein relativ sicherer Ort vor Blitz, Donner und Regen. Wir befinden uns in einem sogenannten Metallkäfig. Der elektrische Strom vom Blitz nimmt dann den Weg über die gut leitende und gegebenenfalls regennasse Karosse. Wird das Auto wider Erwarten vom Blitz getroffen, so befinden wir uns zwar nicht im unmittelbaren Gefahrenbereich, aber es bleibt dieses Erlebnis bei den Insassen bestimmt in prägender Erinnerung. Gegebenenfalls kann die Bereifung durch den starken Stromfluss zur Erde zerstört werden sowie die Autoelektronik Schaden nehmen. Diese Schäden können auch eintreten, wenn der Blitz ein fahrendes Auto trifft. Deshalb sollte man zum Zeitpunkt eines

Gewitters möglichst anhalten (zum Beispiel einen Parkplatz aufsuchen) oder wenigstens die Geschwindigkeit angemessen wählen.

Fahrräder und Motorräder sollten in einem Abstand von wiederum mindestens fünf Schritten geparkt werden. Unterbricht man die Fahrt nicht, so verhält es sich ähnlich wie bei der Benutzung des Regenschirmes. Nur ist hierbei der höchste Punkt für einen möglichen Blitzeinschlag der regennasse Helm des Fahrers.

Bewohner an einem Fluss oder einer langgezogenen Gebirgskette können oftmals beobachten, dass die Gewitterfront diese Besonderheiten der Geländestrukturen nicht so leicht überwindet. An Beispielen lässt sich zeigen, wie ein Niederschlagsgebiet nicht oder nur verzögert von einem Flussufer zum gegenüberliegenden wechseln kann. Primär verantwortlich für diese Wetterkapriolen sind meines Erachtens die auftretenden Luftströmungen in der markanten Region. Denn über einer Flussoberfläche befinden sich weder Bäume noch andere größere Hindernisse. Die Luftbewegungen können sich dort wie in einem Strömungskanal bündeln und verstärken. Reichen diese Strömungen bis in höhere Luftschichten, dann wird das Wettergeschehen regelrecht über dem langgestreckten Fluss geteilt. Verlassen sollte man sich auf diese naturbedingte „Verzögerungstaktik“ beim Wetter aber nicht.

Ich glaube, es kommt kaum jemand auf die Idee, in der Badewanne sitzend mit 230 V-Netzspannungsgeräten zu experimentieren. In etwas größerem Maßstab liegen die Verhältnisse vor, wenn man sich bei einem Gewitter in einem Gewässer befindet. Das gilt beispielsweise für das Schwimmen in einem Freibad beziehungsweise See oder Fluss, aber auch das Baden in der heimischen Wanne und das Duschen. Ist ein Gewitter im Nahen, sollten diese Aktivitäten tunlichst unterlassen werden, das bedeutet, schnell raus aus dem Wasser. Die in der Wohnung möglicherweise installierten elektrischen Schutzsysteme gewährleisten eine hohe Sicherheit, aber ein Restrisiko besteht in solchen Situationen immer.

Befinden wir uns in einem bebauten Gebiet, sucht man beispielsweise in einer Gaststätte, einem Geschäft, einem Hausflur oder in der eigenen Wohnung Schutz. Auf dem Weg dorthin sollten die Betroffenen mit gebührendem Respekt zu Metallmasten, Geländer oder Metallzäunen Distanz wahren. Die Berührung solcher Gegenstände oder ein nur geringer Abstand birgt die Gefahr in sich, dass der Blitz auf den Fußgänger überspringt.

Oftmals unterschätzt man die Gefahren in Verbindung mit dem Aufziehen eines Gewitters bei Open Air Veranstaltungen. Meist sind dabei viele Menschen auf engem Raum versammelt. Hier sind die Verhaltensregeln wesentlich schwieriger umzusetzen, weil dabei zusätzlich noch die Gruppendynamik zur Geltung gelangt. Die Schrittspannung erhält gegebenenfalls eine zusätzliche Betrachtungsweise, da sich die Menschen untereinander berühren können. Bei solchen Veranstaltungen sind meist technische Anlagen installiert, die zu weiteren Gefahrenquellen in Verbindung mit einem Blitzschlag führen. Ein Beispiel dafür sind die Flutlichtmasten.

Ist man beispielsweise in der Wohnung angelangt, sollte ein Schnurtelefon insbesondere dann nicht benutzt werden, wenn eine zuverlässige Erdung der Telefonanlage nicht gesichert ist. Handys oder schurlose Telefone zum Festnetz können hingegen bedenkenlos Verwendung finden. Man sollte aber dabei auch an die mögliche Gefahrensituation beim Gesprächspartner denken.

Welche Schutzmaßnahmen bestehen für Gebäude und Anlagen?

Der Schutz von baulichen Anlagen ist zwischen dem äußeren und inneren Blitzschutz zu unterscheiden. Für besonders Interessierte habe ich dazu einen Übersichtsschaltplan entwickelt. Wichtig dabei ist, dass die beiden Systeme eine gemeinsame Erdungsanlage besitzen, um gefährliche Potentialunterschiede auszuschließen. Generell muss in diesem Zusammenhang festgehalten werden, dass die Errichtung von Blitzschutzanlagen in die Hände eines autorisierten Fachmannes gehören (Bild 11 auf Seite 96).

Legende zu Bild 11:

HAK	Hausanschlusskasten mit Blitzstromableiter als Grobschutz bei Zustimmung des Versorgers;
L1/3	Außenleiter L1, L2, L3;
N	Neutralleiter;
PAS	Potentialausgleichsschiene;
PE	Schutzerde;
PEN	Neutralleiter mit Schutzfunktion;
Verbraucher	Endverbraucher mit Überspannungsableiter als Feinschutz;
Verteiler	Installationsverteiler mit Überspannungsableiter als Mittelschutz;
W, G, H	Verbindung der metallenen Leitungssysteme von Wasser, Gas, Heizung usw. mit dem Erdpotential.

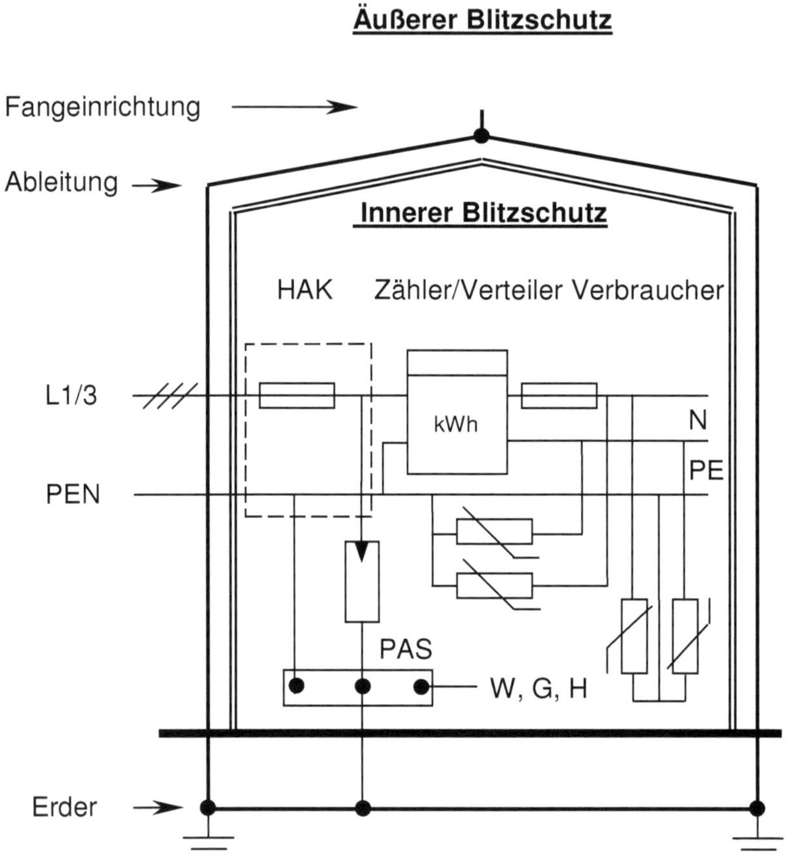

Bild 11: Blitzschutzanlage in einem TN-C-S-System
(Terre Neutral-Combined-Separated-System)

Der äußere Blitzschutz eines Gebäudes besteht in erster Linie aus einer Fangeinrichtung und der dazugehörigen Erdungsanlage. Wie der Begriff es zum Ausdruck bringt, soll die Fangeinrichtung den Blitz erfassen und über die Außenhaut des Hauses kontrolliert zur Erde führen. Im eigentlichen Sinne wird dadurch der Blitz von der Anlage regelrecht bevorzugt „angelockt“, die elektrische Feldstärke erhöht sich damit. Alle größeren Metallteile im Außenbereich, wie Dachrinnen oder Stahlträger sind mit der Fangeinrichtung elektrisch leitend zu verbinden. Die Fangeinrichtung sowie die Blitzableitung selbst bestehen aus grobmaschig verlegten Stahl-, Aluminium- oder Kupferdrähten mit den erforderlichen Querschnitten und bilden über dem Gebäude einen sogenannten großmaschigen Faradayschen Käfig. Um die Brandgefahr bei einem möglichen Blitzeinschlag zu minimieren, erfolgt in der Regel die Verlegung der Blitzschutzleitungen in einer gewissen Distanz zur Dachhaut. Als Erdungsanlage kommt vielmals der Fundamenterder zur Anwendung. Hier soll der Ladungsausgleich des Blitzstromes stattfinden (Rekombination). Bei der Errichtung solcher Anlagen sind insbesondere die gültigen Blitzschutznormen für Anlagen und Bauteile zu beachten. Ist die Wahrscheinlichkeit für einen möglichen Blitzeinschlag für das Gebäude gering, kann gegebenenfalls auf den äußeren Blitzschutz verzichtet werden.

Unabhängig von der Existenz des äußeren Blitzschutzes ist der innere Blitzschutz anzuraten. Dieses System besteht primär im konsequenten Gewährleisten eines Potentialausgleichs innerhalb des Bauwerkes auf dem Niveau des Gebäudefundamentes. Im Regelfall ist das der Keller oder die Bodenplatte. Alle im Haus befindlichen metallenen Leitungssysteme, wie zum Beispiel Wasser, Gas und Heizung, werden durch leitende elektrische Verbindungen auf Erdbodenniveau gebracht. Damit soll der Schutz von Menschen, Nutztieren und technischen Einrichtungen vor den Folgen elektromagnetischer Felder durch Blitzeinwirkung gewährleistet werden.

Der innere Blitzschutz teilt sich in den Grob-, Mittel- und Feinschutz auf. Der Grobschutz ist dann dringend erforderlich, wenn die Elektroenergieversorgung über eine Freileitung erfolgt oder ein äußerer Blitzschutz installiert ist. Er sollte sich möglichst nahe am Ort der Zuleitung befinden. Beim Grobschutz wird der Blitzstrom über Funkenentladungsstrecken gezielt zum Erdpotential geführt. Der Mittelschutz befindet sich meist im Installationsverteiler und soll durch galvanische oder induktive Kopplungen entstandene Überspannungen ableiten. Das geschieht in der Regel durch den Einsatz von Varistoren. Das sind spannungsabhängige Widerstände, die bei Nennspannung hochohmige Werte besitzen und bei anliegenden Überspannungen niederohmig werden. Für besonders empfindliche elektronische Geräte, wie zum Beispiel die Endverbraucher PC oder TV in einem Haushalt, erfolgt direkt am Gerät der Feinschutz. Hier gelangen ebenfalls Varistorschaltungen beziehungsweise Suppressordioden zur Anwendung. Erfolgt in einer Anlage alleinig der Feinschutz, so sind die Wirkungen im Rahmen des Blitzschutzes verständlicherweise bescheiden.

In einem kleinen Haushalt kann eine gängige Blitzschutzmaßnahme darin bestehen, dass man beim Nahen eines Gewitters einfach den Netzstecker von sensiblen Geräten zieht. Aber nicht alle Geräte lassen sich bedenkenlos so einfach vom Netz trennen. Und was geschieht, wenn man zum gegebenen Zeitpunkt eines Gewitters gar nicht zu Hause ist? Auch Betriebe können nicht einfach bei einem Gewitter hochproduktive Anlagen abschalten. Sind hierbei speziell Datenverarbeitungseinrichtungen noch mit im Spiel, hat ein Datenverlust möglicherweise gravierende Folgen. Mit dem Einsatz einer Blitzschutzanlage können die sich auftuenden Risiken stark eingegrenzt werden.

Es ist meines Erachtens angebracht, die Vielfalt der Gefahren, die von einem Blitz ausgehen können, nochmals in abstrahierter Form aufzugreifen. Dabei ergeben sich vom Punkt des Betrachters folgende drei Gefahrenpotentiale, die tabellarisch in Bild 12 auf Seite 100 zusammengestellt sind. Die hierbei vorgenommenen Zoneneinteilungen dienen diesbezüglich als grobe Orientierung.

Richtet der Blitz wider Erwarten Sachschäden an, so sind meist im Anschluss die Versicherungen aufgerufen. Die eingesetzten Gutachter verfügen vielmals über Pläne, die Auskunft zu erfolgten Blitzeinschläge geben. Sehr präzise ist dort der Einschlagsort und die Zeit erfasst. Diese Aufstellung der Ereignisse ist möglich, weil inzwischen Messstationen die Gewittersituationen im europäischen Raum protokollieren.

Sollten durch Blitzschlag Menschen verletzt worden sein, so ist eine schnelle und besonnene Hilfe notwendig. Im folgenden Schwerpunkt nehme ich darauf Bezug.

Zeitdifferenz zwischen Blitz und Donner	**Entfernung des Blitzeinschla-ges**	**Gefahrenpotential für Menschen, Nutztiere und technische Anlagen**
~ 0 s	bis 50 m	Direkte und indirekte Blitzeinwirkung mit den möglichen Erscheinungen der Über-, Berührungs- und Schrittspannung, Funkenbildung sowie mechanischen, chemi-schen und thermischen Wirkungen (Zone 1)
> 0 s bis 3 s	> 50 m bis 1 km	Überspannungen durch vorwiegend induktive Kopplungen und deren Folgeschäden (Zone 2)
> 3 s bis 6 s	> 1 km bis 2 km	Weiterleiten von Über-spannungen in Energie- und Datennetzen bei Vor-liegen der entsprechen-den Infrastruktur (Zone 3)
> 6 s bis 30 s	> 2 km bis 10 km	Gewitter noch außerhalb der Gefahrenzonen 1 - 3
Donner nicht mehr wahr-nehmbar	über 10 km	Wetterleuchten

Bild 12: Grobeinschätzung des Gefahrenpotentials bei Gewitter bezüglich des Betrachters

12 Schnelle Hilfe bei Verletzungen durch Blitzeinwirkung

Wird ein Mensch wider Erwarten trotz umsichtiger Verhaltensweisen direkt vom Blitz getroffen, so sind die Überlebenschancen immer noch gegeben. Vielmals fließen die hohen Blitzströme an der Körperoberfläche des Betroffenen entlang und dringen nicht in den Körper ein. In Zusammenhang mit der regennassen Kleidung wirkt hierbei eine Art Skin-Effekt. Die Stromdichte verringert sich durch die Oberflächenverteilung und wirkt gegebenenfalls begünstigend für eine gewisse Reduzierung der Verletzungsgefahr.

Schlägt der Blitz in unmittelbarer Nähe ein, so liegt das Gefahrenpotential für die Schrittspannung vor. Die lebensbedrohliche Schrittspannung kann bei einem Blitzopfer zu den Symptomen Muskellähmungen, Hör- und Sehstörungen, erhöhter Blutdruck, Krämpfe, Bewusstlosigkeit, Herz- oder Atemstillstand führen.

Auch wenn im günstigen Fall der Verunglückte nach kurzer Zeit sich wieder wohl fühlen sollte, muss eine Verletzung durch elektrischen Strom trotzdem sehr ernst genommen werden. Jeder elektrische Unfallverletzte und das gilt nicht nur in Zusammenhang mit einem Blitzschlag, sondern auch bei der Berührung elektrischer Leitungen im Energieversorgungsnetz, ist unverzüglich einem Arzt vorzustellen. Welchen Weg der elektrische Strom im Körper eines Menschen nimmt, lässt sich schwer feststellen. Es können dabei innere Organe verletzt worden sein oder es wurden Giftstoffe durch mögliche Verbrennungen in die Blutbahn geschwemmt. Die Auswirkungen daraus können erst viel später, manchmal erst nach Tagen, sich zeigen. Diese Unfälle müssen zwingend durch eine ärztliche Untersuchung abgeklärt werden.

Eine schnelle ärztliche Hilfe erfolgt in der Regel durch den benachrichtigten Rettungsdienst.

Ist der Verunfallte bewusstlos sind unverzüglich der Puls und die Atmung zu prüfen. Der Puls lässt sich gut an der Halsschlagader feststellen. Die Atmung sollte am Heben und Senken des Brustkorbes, beziehungsweise am Lufthauch vor Nase oder Mund des Blitzopfers erkennbar sein. Sind Herz- und Atemstillstand auszuschließen ist der Verletzte in die stabile Seitenlage zu bringen und weiter zu beobachten.

Sind im Extremfall Puls und Atmung nicht mehr feststellbar, wird der Betroffene in die Rückenlage gebracht. Es muss in der Regel mit der Herzdruckmassage und der Atemspende begonnen werden. Neue medizinische Erkenntnisse haben ergeben, dass bei der durchgeführten Herzdruckmassage gleichzeitig die Atemspende durch das Heben und Senken des Brustkorbes erfolgt. Eine Mund-zu-Mund- oder Mund-zu-Nase-Beatmung kann entfallen. Wichtig dabei ist, dass die helfende Person ca. 100-mal pro Minute kräftig mit den Händen auf das untere Drittel des Brustbeines drückt. Sind mehrere Helfer verfügbar, so sollten sie sich während der kräftezehrenden Herzdruckmassage ablösen. Diese Maßnahmen sind grundsätzlich erst dann zu beenden, wenn Atmung und Puls beim Blitzopfer wieder selbständig einsetzen, der Rettungsdienst die Aufgaben übernimmt oder der Arzt das Einstellen der Wiederbelebungsmaßnahmen anordnet.

Es ist auch für die Leihen sehr wichtig umfassende Kenntnisse auf dem Gebiet der Lebensrettung zu besitzen, in der Hoffnung sie nicht zur Anwendung bringen zu müssen.

13 Schlussbetrachtungen

Die Veränderung ist Normalität. Nichts bleibt so, wie wir es momentan empfinden. Viele Einflussfaktoren bestimmen auf unserer Erde den ständigen Wandlungsprozess, obwohl der Mensch vorwiegend nach Stabilität strebt (lieb gewonnene Gewohnheiten). Es hat schon immer den berüchtigten Klimawandel mit der Erderwärmung und –abkühlung im Wechsel gegeben. Einfluss darauf nehmen beispielhaft solche Prozesse, wie die Erdbahnparameter, das Driften der Kontinente, Vulkanausbrüche, Asteroideneinschläge, die Sonnenaktivität, die atmosphärische Zirkulation, Veränderungen der Meeresströmung sowie die Anteile der Treibhausgase um uns herum.

Der Mensch nutzt primär immer stärker direkt oder indirekt biotische Stoffe zur Steigerung seines Arbeitsvermögens. Vielmals muss er nicht mehr selbst Hand anlegen, sondern die gewandelten Energien aus Erdgas, Erdöl oder Kohle sind seine zuverlässigen Helfer. Das dadurch Verfügbare übersteigt um ein mehrfaches seine eigene Leistung, die kurzzeitig im Schnitt ca. 100 bis 150 Watt annehmen kann. Demgegenüber stehen beispielhaft die Antriebe von Flugzeugen oder Autos. Die dabei ablaufenden Verbrennungsprozesse hinterlassen jedoch großteils die nicht erwünschten Treibhausgase.

Unumstritten befinden wir uns zurzeit in einem Erwärmungszyklus. Beim derzeit rasanten Abschmelzen der Gletscher in den Alpen werden vom Eis Beweismittel freigelegt, die auf noch wärmere Zeiträume in dieser Region hinweisen. Die Gletschermumie Ötzi oder Baumstämme in fast 2000 m Höhe können dies belegen.

In Bezug auf die Naturgewalten des Gewitters ist die gespeicherte Energie in der Atmosphäre entscheidend. Dem Blitz und Donner ist es egal, woher diese gewaltigen Mengen an erforderlicher Energie stammen. Gegenwärtige Beobachtungen weisen darauf hin, dass insbesondere durch die atmosphärische Zirkulation verstärkt heiße Luftmassen, ähnlich wie auf einem Förderband, aus Afrika zu uns gelangen. Wenn sie dann auf die kalte Luft aus dem Norden treffen, kann es bei uns aufgrund der dabei entstandenen Energiedifferenzen ordentlich krachen und die Meteorologen bemühen sich um eine treffsichere Unwetterwarnung.

Bei den chemischen und physikalischen Prozessen, insbesondere in der Elektrotechnik, sind vielmals die Leitungs- und Valenzelektronen während der stattfindenden Energieübertragungen beteiligt. Auch innerhalb der Vorgänge im Zusammenhang mit den Energiewandlungsprozessen bei einem Gewitter spielen die Elektronen eine dominante Rolle. Die benachbarten Atome und Moleküle müssen nur die Möglichkeit erhalten sich gegenseitig zu kontaktieren. Dazu müssen in aller Regel die erforderlichen Rahmenbedingungen erfüllt sein. Gerade in einer Gewittersituation leistet unsere Sonne dazu insgesamt den gewichtigen Beitrag. Das in der Atmosphäre eingebettete Wasser bringt die Energie in die entsprechenden Regionen. Hierbei laufen wie von selbst die anstehenden Naturgesetze ab, das heißt, elektrische Doppelschichten bilden und lösen sich, es finden Ladungstrennungen statt, elektrische und magnetische Felder binden Energie und elektrische Ströme fließen, um alles wieder auszugleichen. Diese Beschreibung trifft genau bei einem Gewitter mit all den Erscheinungsformen, wie im Buch beschrieben, zu. Wir können hierzu feststellen, dass der unterkühlte Wasserdampf durch seine verfügbaren Energieressourcen ausschlaggebend für diese komplexen Prozesse ist.

Ausgelöste Naturgewalten von Feuer, Wasser, Elektrizität oder Sturm sind vom Menschen kaum zu beherrschen. Das trifft auch für die in der Vergangenheit nachgewiesenen Katastrophen bei Erdbeben oder Vulkanausbrüchen zu. Die von einem Blitz kurzzeitig freigesetzte Energie ist gleichfalls immens. Das Gefahrenpotential bei einem Gewitter lässt sich jedoch durch umsichtige Verhaltensweisen stark eingrenzen. Inzwischen sind die technischen Möglichkeiten im Rahmen eines umfassenden Blitzschutzes für Gebäude und Anlagen sogar annähernd risikofrei. Die gegebenen Empfehlungen für das persönliche Verhalten während eines Gewitters und die Ausführungen zum Blitzschutz sollen gleichzeitig als Anregung zu eigenen Schlussfolgerungen beim Leser führen. Gerade für den Blitzschutz haben sich in den vergangenen Jahren weitere technische Verbesserungen ergeben.

Viele Fragen, die sich bei der Ergründung von Ursachen im Zusammenhang mit dem Entstehen und der Wirkung von Blitz und Donner stellen, habe ich versucht umfassend und detailliert zu beantworten. Ich bin mir aber dessen bewusst, dass viele Zusammenhänge diesbezüglich von der Wissenschaft erst noch erkannt werden müssen. Vielleicht bleiben jedoch auch in Zukunft manche Dinge, bei noch so tiefgründiger wissenschaftlichen Analyse der Vorgänge, während eines Gewitters im Verborgenen.

Eines muss ich noch erwähnen: Mit der sich vollziehenden Klimaerwärmung wird immer mehr Energie in die Erdatmosphäre gepumpt. Es werden sich die entstehenden Schäden durch Gewitter, Sturm, Hagel und Überschwemmungen, aber auch Dürreperioden häufen. Für uns Menschen hat dies zur Folge, dass es zunehmend ungemütlicher wird. Diese Entwicklung lässt sich zwar nicht aufhalten, jedoch durch unser bewusstes und vernünftiges Handeln dämpfen. Mit dieser Feststellung vollziehe ich allerdings einen Wechsel von den Naturwissenschaften in das Reich der Soziologie.

Bezogen auf das Wetter nehmen wir gern strahlenden Sonnenschein wahr und wiederum kann uns im nächsten Augenblick eine mächtige Naturgewalt entgegentreten. Meinen Leserinnen und Lesern wünsche ich, dass sie zumeist auf der ersehnten Sonnenseite verweilen und ihre goldenen Strahlen genießen können.

Literaturhinweis

Bammel, Katja u.a.: Der Brockhaus Wetter und Klima. Leipzig/Mannheim: Brockhaus, 2009. ISBN 978-3-7653-3381-1

Dzieia, Werner u.a.: Elektrotechnische Grundlagen der Elektronik. München: Pflaum Verlag, 1995. ISBN 3-7905-0707-5

Hörmander, Lars: The Analysis of Linear Partial Differential Operators I. 2. Auflage. Berlin: Springer-Verlag, 1990. ISBN 978-3-540-52345-1

Klose, Brigitte: Meteorologie - Eine interdisziplinäre Einführung in die Physik der Atmosphäre. Berlin: Springer-Verlag, 2007. ISBN 978-3540713081

Schwäb. Merkur, 8. Juli 1828, Nr. 163. (Anm. Schwabs in der 1. Aufl. der Gedichte.)

Tausch, Michael: Chemie SII. Stoff - Formel - Umwelt, Aus: C.C.Buchner. Bamberg. 2008.

Urey, Harold C. und Miller, Stanley L.: Entstehung einfacher Biomoleküle in einer simulierten Uratmosphäre, 1953

22819006R00061

Printed in Great Britain
by Amazon